紅茶

理解が
深まる
Q&A 89

味わいの「こつ」

はじめに

茶の業界には、さまざまなジャンルの茶を並べ、さらにハーブやスパイス、フードまで取りそろえた「茶のワンダーランド」のような総合的な「ティーショップ」がある一方で、緑茶、紅茶、日本茶、台湾茶、中国茶などジャンルを区切ってその世界をディープに掘り下げる専門店もあり、今、そうした専門店が存在感を増しています。

茶に少しでもふれたことのある人であれば、「茶は単純なものではなく、多様なジャンルがある奥の深いもの」ととらえているでしょうし、好きなジャンルの茶を掘り下げて専門性を磨きたいと考えるのはごく自然なことです。茶は、「もっと知りたい」と思わせる不思議な魔力を秘めているのです。

本書は、「紅茶」に対して好奇心のアンテナを張っている人たちに、紅茶をよりよく知り、楽しむための「こつ」をお届けするものです。茶の原料や分類、紅茶の製造方法や流通、淹れ方や楽しみ方、保存方法や買い方など、さまざまな角度から紅茶の正体、そしてその魅力に迫ります。科学的見地から紅茶の風味を論じるだけでなく、「今さら人には聞けないけれど、あれってどういうこと?」と思うような紅茶の基礎についてもしっかりと解説します。知識をいっそう深めたい紅茶ファンにも、これから紅茶の世界に足を踏み入れようというビギナーにも役立てていただける構成をめざしました。

毎年変わる産地の様子やマーケットの動向を目の当たりにする、それぞれ紅茶専門店を営む現役バイヤー3人の共著であり、これまであまり取り上げられることのなかった視点やテーマも盛り込んでいます。そうした意味では、新感覚の紅茶読本といえるでしょう。

〝シングルオリジンティー〟に「まったく同じ」は存在しません。私たち3人はその一期一会の世界を、「お客さまにとっての最高の1杯」をめざして奔走しています。そうしたバイヤーの仕事に大いなるやりがいを感じながら携わっている我々の姿勢も、本書を通じて感じていただけたら幸いです。

なお、紅茶には数多くの産地がありますが、本書では私たち3人が取り扱っている産地の中から、おもにインド、スリランカ、中国、台湾、日本にフォーカスしています。それは、代表的な産地、あるいは紅茶ファンに期待されている産地であると同時に、私たちがこれらの産地の紅茶にとくに芸術性があると感じ、惹かれているからです。紅茶とは「自然」と「人」の共同作業によって生み出されるものであり、とりわけ上質な紅茶ができ上がるまでには、たくさんの知恵と技術、手間が介在することを紹介したいと思い、あえて地域を限定して執筆することにしました。

本書を読んで「なるほど!」と紅茶に対する理解が深まり、皆さんの「最高の1杯」を探す旅の一助となることを願っています。

中野地清香

目次

〔著者名の略称〕Ⓚ川﨑武志 Ⓝ中野地清香 Ⓜ水野 学

▼PART 3 紅茶の産地を知る

▼PART 4 紅茶の製造方法と流通を知る

▼PART 5

紅茶をもっと知るために

本書に登場するおもな紅茶産地

インド（ダージリン・アッサム・ニルギリ）／スリランカ（ディンブラ・ウバ・ヌワラエリヤ・ルフナ・サバラガムワ・キャンディ・ウダプッセラワ）／中国（祁門・雲南・武夷山）／台湾（日月潭・花蓮・阿里山）／日本／ネパール／ケニア／インドネシア

PART 1

紅茶の基礎知識

概説／原料

分類／等級

Q 1

紅茶とは何ですか？

水色（茶液の色）が「紅い」ことから生まれたと考えられる「紅茶」という言葉が、日本で使われるようになったのは１８７０年代ごろのことです。明治期の日本の政府は、輸出品として紅茶の可能性に着目しはじめていました。

ところで、「紅茶」は英語で「Black Tea」と呼ばれています。「紅」ではなく「黒（Black）」である理由については諸説ありますが、乾燥茶葉が黒っぽく見えることからそう呼ばれるようになったという説が有力です。いずれの名にせよ、これまでほかの名称に取って代わられることがなかったのは、思えば不思議なことです。なぜなら今日、紅茶やBlack Teaと呼ばれるものの中には水色が紅いとも、乾燥茶葉が黒っぽいともいえないものも存在するからです。

グローバルな視点から紅茶とは何かを理解するためのガイドとなるのが、ＩＳＯ（国際標準化機構）による「Black Tea（紅茶）」の定義です。ＩＳＯ３７２０では、Black Teaは「飲用の茶の製造に適するとして知られる、クンツ（ドイツの植物学者）の分類によるカメリア・シネンシス（チャノキ・Ｑ３参照）のやわらかい芽を使用し、萎れさせ、茶葉を揉み込み、酸化させて乾燥させたもの」とし、一定の化学的特性も定めています。多様な条件によって求められる紅茶の個性は異なるとしつつ、正しくつくられた紅茶の指標となることをめざしたもので、今後の紅茶の進化・発展におけるガイドラインの一つとなるでしょう。

Q 2 紅茶にもワインのように テロワールという考え方はありますか？

紅茶について語る際、「テロワール」という言葉が使われることはあまりありません。しかし紅茶もワインと同様に、原料となる農産物の性格が色濃く出るため、同じような考え方があてはまります。茶がつくられる地域は世界約30ヵ国にわたり、産地ごとに地勢や気候、土壌などの自然環境に違いがあります。紅茶の産地に限っても、冬になると雪がちらつく産地もあれば、1年中20℃を下回ることがない常夏の産地もあります。一つとして同じ環境を有する産地はなく、こうした自然環境の違いを背景に、栽培や製茶の方法にも少しずつ違いがあり、産地ごとにその土地特有のキャラクターをもつ紅茶がつくられているのです。

では、チャノキが育つ環境が紅茶の風味にどのような影響を与えるのでしょうか？　一例として「標高」に注目してみると、標高の高い産地では概して水色は明るく透明感があり、清涼感のある味と香りが特徴の紅茶ができ、標高の低い産地の紅茶は水色が濃く、味が強く出る傾向にあります。

また、同じ産地・標高の茶園でも、山に囲まれた茶園と周囲が開けている茶園では、後者の紅茶のほうが香りが立ちやすい傾向にあります。さらに細かく見ると、同じ茶園でも大雨が降った区画と、まったく降らなかった区画とが併存するケースがあり、そこでも品質に差が出ます。紅茶のキャラクターは環境に大きく左右されるのです。

Q 3

紅茶の原料となる植物と、その種類について教えてください。

紅茶の原料となるのは、「チャノキ」と呼ばれる植物です。チャノキはツバキ科ツバキ属で、ツバキやサザンカなどの植物と近縁関係にあります。チャノキの学名は「カメリア・シネンシス(Camellia Sinensis)」で、ドイツの植物学者クンツによって命名されました。ツバキ属の植物では、チャノキとその近縁種だけが茶の生産に用いられます。

現在、チャノキにはさまざまな品種が存在しますが、それらはおおむね「中国種(Camellia sinensis var. sinensis)」と「アッサム種(Camellia sinensis var. assamica)」という二つの変種をルーツとするもので、その2系統に大別されます。

中国種は樹高の低い灌木(かんぼく)型で、葉の長さも

〈チャノキの植物学分類〉

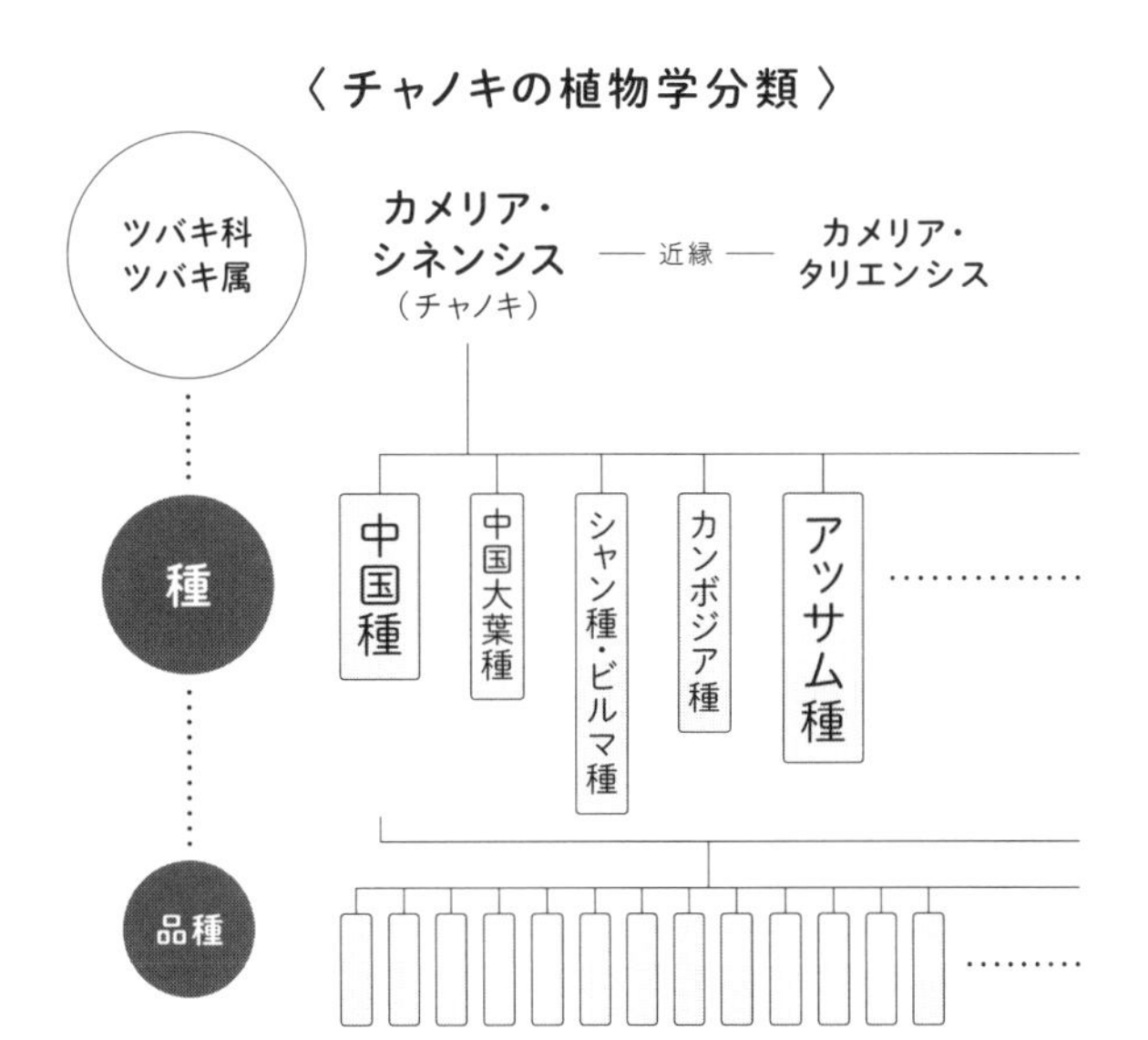

＊上記の「種」の分類は主要な説の一つです。

5cm程度と短く、寒さに比較的強いといわれ、東アジアで広く栽培されています。日本に分布するチャノキは、品種によってはアッサム種などと交配しているものもありますが、ほとんどが中国種に属するものです。余談ですが、中国・雲南省には、三国時代に諸葛亮孔明が南征を行った際に同地にチャノキがもたらされたという伝承があり、今でも孔明を「茶聖」として崇め奉っています。しかし、通説はその逆で、今から約2000年前の三国時代かその少し前の時代に、現在のミャンマーや中国・雲南省あたりから、四川省を経由して広まったといわれています。

一方、アッサム種は樹高の高い喬木型で、葉の長さも15cmを超えます。耐寒性は低いため、日本では純粋なアッサム種は栽培されておらず、おもにインドやスリランカ、インドネシア、ケニアなどの熱帯地域で栽培されています。アッサム種は、英国人のロバート・ブルースが1823年に発

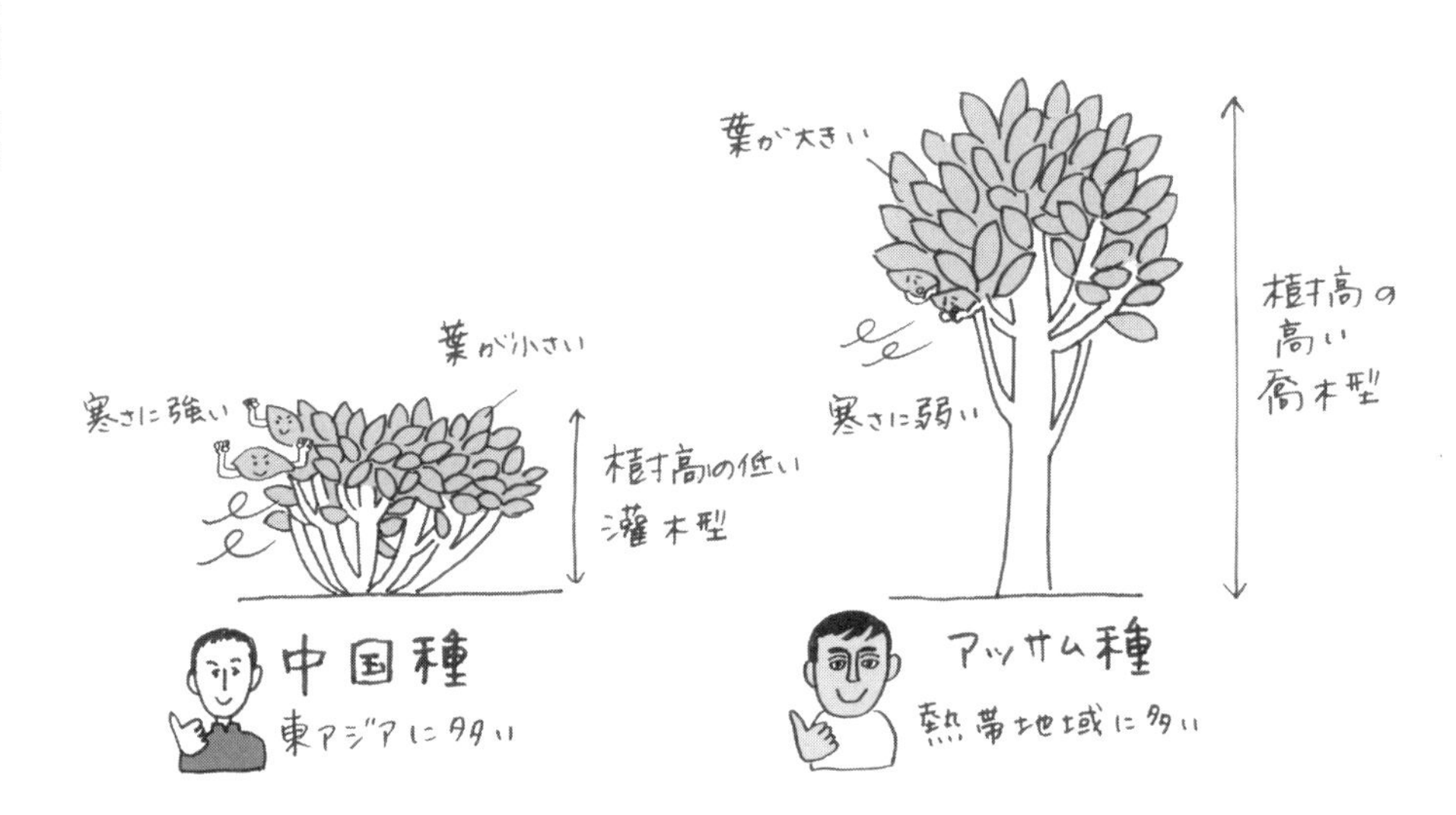

見したといわれています。しかし、この発見には、野生のアッサム種の茶樹から葉を摘み、その葉を原料にした飲みものをつくる部族とブルースが出会い、その部族の族長から種(たね)と苗を提供してもらったという経緯があるため、厳密な意味での発見とはいいにくい部分があります。とはいえ、ブルースのアッサム種の「発見」は、それまでほぼ中国で独占的に行われていた紅茶の生産が、世界各地に広がるようになるきっかけの一つでもあり、歴史的な出来事であったといえます。

　中国種やアッサム種の間には、類似の種として「中国大葉種」「シャン種・ビルマ種」「カンボジア種」などがあります。中国大葉種でつくられる紅茶は雲南紅茶がポピュラーで、一方、シャン種・ビルマ種でつくられる紅茶は日本ではほぼ流通していません。また、カンボジア種はアッサム種の一種と位置づけられており、とりわけインドやスリランカで重要視されています。

　ところで、冒頭に述べたように、チャノキには近縁種があります。「カメリア・タリエンシス(Camellia taliensis)」がそれで、中国で「千年古茶樹」とされているものの多くはカメリア・タリエンシスです。おもに、プーアル茶などに使われていますが、ＩＳＯ規格などで「茶はカメリア・シネンシスからつくられるもの」と定義されているため、この定義に照らすと厳密には「茶」とみなすことができません。しかしながら、チャノキはもカメリア・タリエンシスとも交配可能で、日本にが存在します。こうした実情に鑑みると、ＩＳＯ規格などによる定義は現実に追いついていないといえるかもしれません。

Q 4

ダージリンは中国種系、それ以外の南アジア地域はアッサム種系という説は本当ですか？

紅茶業界では長らく、ダージリンは中国種系の品種が多く、それ以外の南アジア地域のほとんどはアッサム種系の品種が支配的であるといわれてきました。しかし、実際に産地に行ってつくり手から話を聞くと、案外、ダージリンでもアッサム種系の品種は植えられており、またニルギリやスリランカでも中国種系の品種が栽培されていることがわかります。さらに近年では、遺伝子マーカーによる品種の分類が広く行われるようになり、こうした茶樹の分布がどのようにして形成されたのか、そのルーツが見えてくるようになってきました。

インドは広大な国土を有し、多くの紅茶の産地が点在していますが、インドの茶樹の源流は大きく分けて三つあります。

一つは中国種で、これは1836年以降に中国からダージリンにもたらされたものです。このうちの多くは、プラントハンターとして有名な英国人ロバート・フォーチュンが、中国からもち出したものであると思われます。次に、アッサム種。Q3でも述べたように、ロバート・ブルースが発見し、現在のアッサムの中心産地の一つであるシブサガルに植えたものや、その近隣に自生していたものを採取して栽培したものがルーツです。

残りの一つはカンボジア種で、これは１８３２年にクリスティ博士によって南インドに導入されました。このカンボジア種は、中国から種(たね)でもたらされたといわれており、その後、南インド各地で栽培が進められましたが、記録に残る商業茶園の成立はそれより40年以上経過した１８７５年のことです。

現在、インドには１００種類を超える主要な品種が存在していますが、そのほとんどが、中国種やアッサム種、カンボジア種の系譜、あるいはそれらの交配品種の系譜にあります。

スリランカのチャノキについては、遺伝的に二つのグループに分けることができます。一つは、スリランカのＴＲＩ（Tea Research Institute／茶業研究所）がリリースした品種群で、ほぼすべてカンボジア種に分類されるものです。これらの品種のルーツは、インド・トクライのＴＲＡ（Tea Research Association／茶業研究所）からもたらされたカンボジア種の茶樹です。

もう一つは、スリランカ各地の茶園から選抜された品種で、その多くは中国種に分類されます。これらのルーツは、「スリランカ茶業の父」といわれるジェームス・テーラーが１８６０年代初めに、スリランカにおける最初の紅茶の茶園であるルーラコンデラ茶園に植えたものと考える向きもあります。

このように品種のルーツについて考えてみると、アッサムとダージリンの風味が、それぞれ個性として際立っていることに納得がいくはずです。また、南インドとスリランカの紅茶の風味は比較的似ていますが、それは南インドとスリランカの気候が類似していることに加え、遺伝子的に近縁であることも大きな要因であると考えることができます。

Q 5

実生の茶とは何ですか？品種茶とは何ですか？

紅茶のみならず、茶には「種子繁殖（Seed Propagation）」でふやしたチャノキを用いる「実生の茶」と、「栄養繁殖（VP／Vagitative Propagation）」のチャノキを用いる「品種茶」があります。なお、栄養繁殖によってふやしたチャノキは「クローン（Clone）」と呼びます。実生とは種から育てられた茶樹を指し、実生の畑はおおむね樹齢が長く、挿し木による栽培方法が確立される前の古い畑であることがほとんどです。種でふやすため、一株一株の個性が異なるのが実生の畑の特徴で、そのため病気にかかったり、害虫の影響を受けたりしてもそれが茶畑全体に蔓延しづらく、病害虫に強いといえます。一方で、風味も株

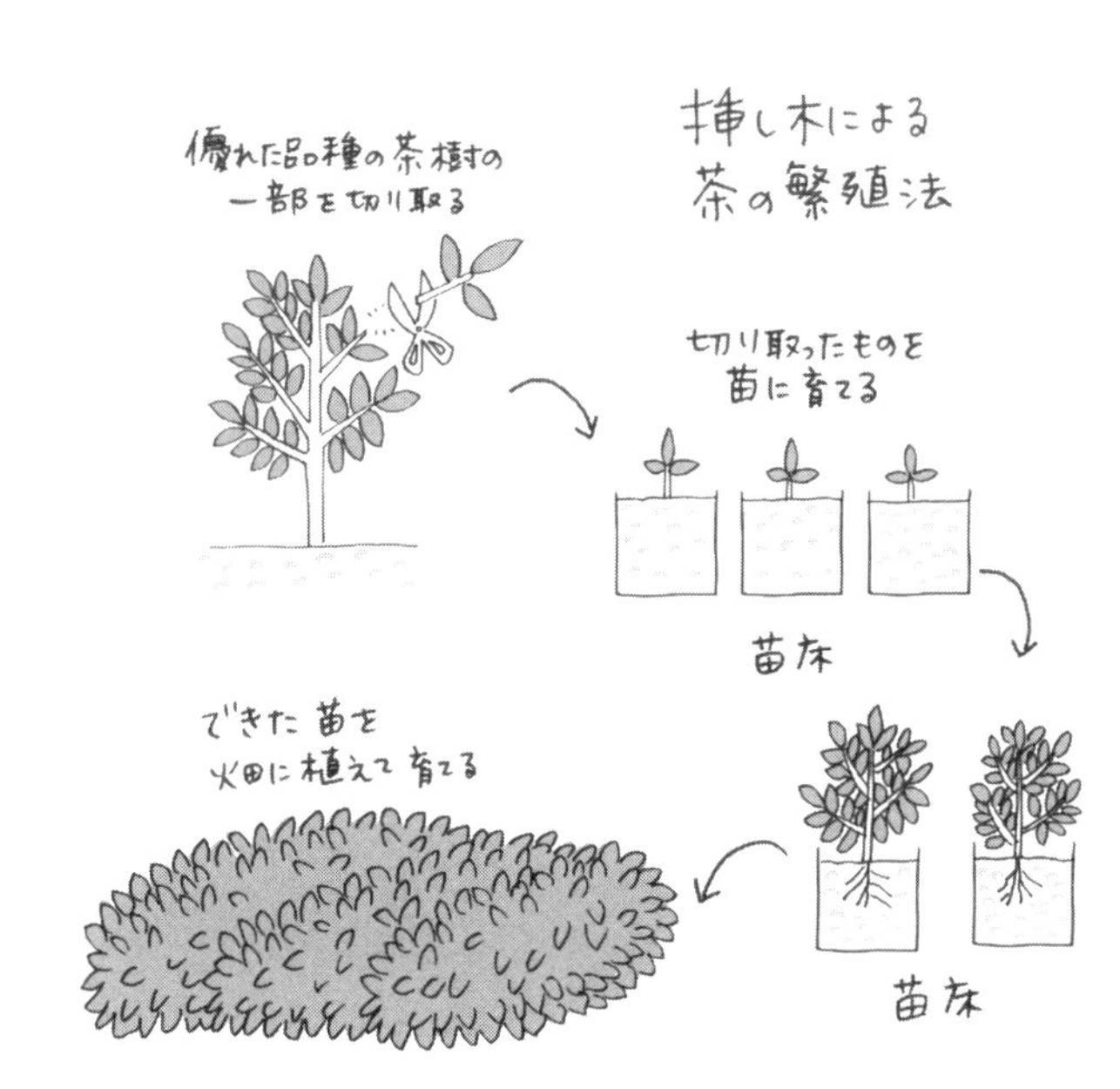

ごとに異なるため、そうした畑から収穫された茶は特徴がはっきりとせず、品種茶に比べて個性を打ち出しにくい傾向にあります。

一方、品種茶とは、特定の品種の茶樹を挿し木などの栄養繁殖によってふやし、その苗を植えた畑から収穫した茶葉でつくる茶を指します。たくさんの茶樹の中から、風味、多収性、耐病性、耐寒性などの特性に優れたものを選び抜いたり（選抜種）、またはそれらを交配させて優れた部分をさらに伸ばしたり（交配種）できるのが品種茶のメリットです。したがって品種茶の畑は、すべての株が同じ遺伝子をもち、できた茶は個性の際立った風味を有します。その代わり、そもそも実生の畑よりも育てるのに手数がかかるうえに、栽培した品種の弱点となる病気や害虫が発生すると、畑全体に蔓延しやすく、どうしても防除（害虫や病害の予防および駆除）が必要になります。

紅茶業界の世界的な潮流としては、実生の茶は品種茶よりも単位面積あたりの収穫量が少なく、また樹齢が進んでいることから、品種茶への植え替えが進んでいます。ダージリンやアッサムといった歴史のある産地でも品種茶のほうが高値がつく傾向にありますし、それは日本も同様です。

しかし実生の茶には、実生の茶ならではの魅力があります。たとえば、ダージリンのセカンドフラッシュ（Q40参照）は「マスカテルフレーバー」という風味で有名ですが、これは本来、中国種の実生の茶ならではの風味です。また、実生の畑は病害虫に強いため、有機栽培との相性がよいことが知られています。とくにダージリンやニルギリのような高地で実生の畑が多いエリアでは、有機栽培への転換が進みやすいようです。

日本にも実生の畑に力を注ぐ生産者は存在し、中には、特定の品種の茶樹からとった種（たね）だけをまき、新たな実生の畑をつくるという試みにチャレンジしているケースもあります。実生の特徴（病害虫に強い）を生かしつつ、品種茶の長所（優れた品種を選び、その個性を打ち出す）も取り入れようというわけです。そうした畑から収穫された茶葉は、特定の品種の個性を穏やかに引き継ぎつつ、厚みのある味になる傾向にあります。

また、実生の畑を選択する日本の生産者には、手間をかけることで単位面積あたりの生産性を高め、収穫量を増やすという従来の方針での事業の継続が困難になってきている、といった事情もあるようです。その理由は近年の過疎化による人手不足や茶の価格の低迷です。そこで品種茶よりも手数のかからない実生の畑を増やし、また有機栽培に転換することで、少ない人員でより多くの畑を管理できるようにするとともに、製品の付加価値を高めているのです。その結果、労働力や資金に余裕ができれば、近隣の耕作放棄地を引き継ぐことも可能になります。こうした施策は、農村の荒廃の防止にも役立つものだといえるでしょう。

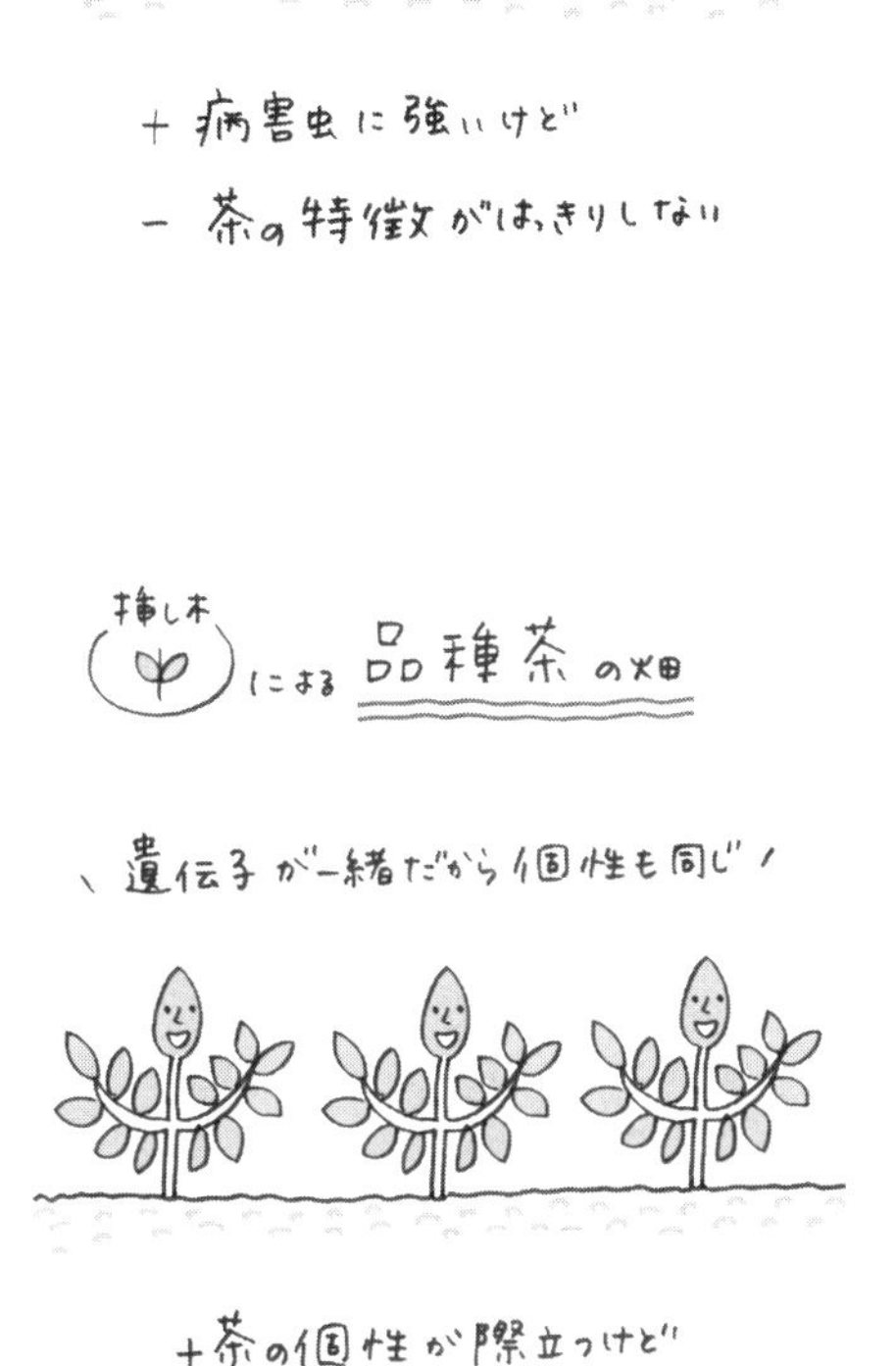

チャノキのどの部分が紅茶になるのですか？

紅茶はチャノキの若い芽を原料としてつくられます。国内外を問わず茶畑では、芽を摘み取りやすいように、そしてよい芽が収穫できるように茶樹の状態をととのえます。インドやスリランカなどの主要な紅茶の産地では、茶樹の高さをおおむね1m程度に設定し、そこから新たに伸びた部分を「新芽」として摘み取ります。

具体的には、新たに伸び、まだ開いていない状態の芽（これを「芯芽」と呼びます）と、その下の2枚の葉を摘み取るのが基本で、そうした摘み方を「一芯二葉摘み」と呼びます。産地や時期によっては、芯芽と葉3枚を摘み取る「一芯三葉摘み」を採用することもあります。一芯三葉摘みでは、若葉2枚の下にある、より成長した葉も1枚摘むので収穫量は増しますが、葉は成長とともに硬くなり、硬い葉は製茶において風味が出にくい傾向にあります。また、3枚目の葉が硬化していると、芽の成熟度にバラつきが生じ、それもまた製茶に悪影響をおよぼすことがあります。

芯芽と葉はそれらを支える茎ごと摘み取り、その茎も一緒に製茶されます。ただし、それらの茎もすべてが茶の要素となるわけではなく、最終的にはやわらかい茎だけが残ります。やわらかい茎は甘みやうまみの成分を多く含み、芯芽や葉とともに茶の味の構成要素になるのです。一方、硬い茎は茶の品質にマイナスに働くため、最終的には取り除かれます。硬い葉も同様です。丁寧につくられた紅茶であればこうした硬い部分は混入して

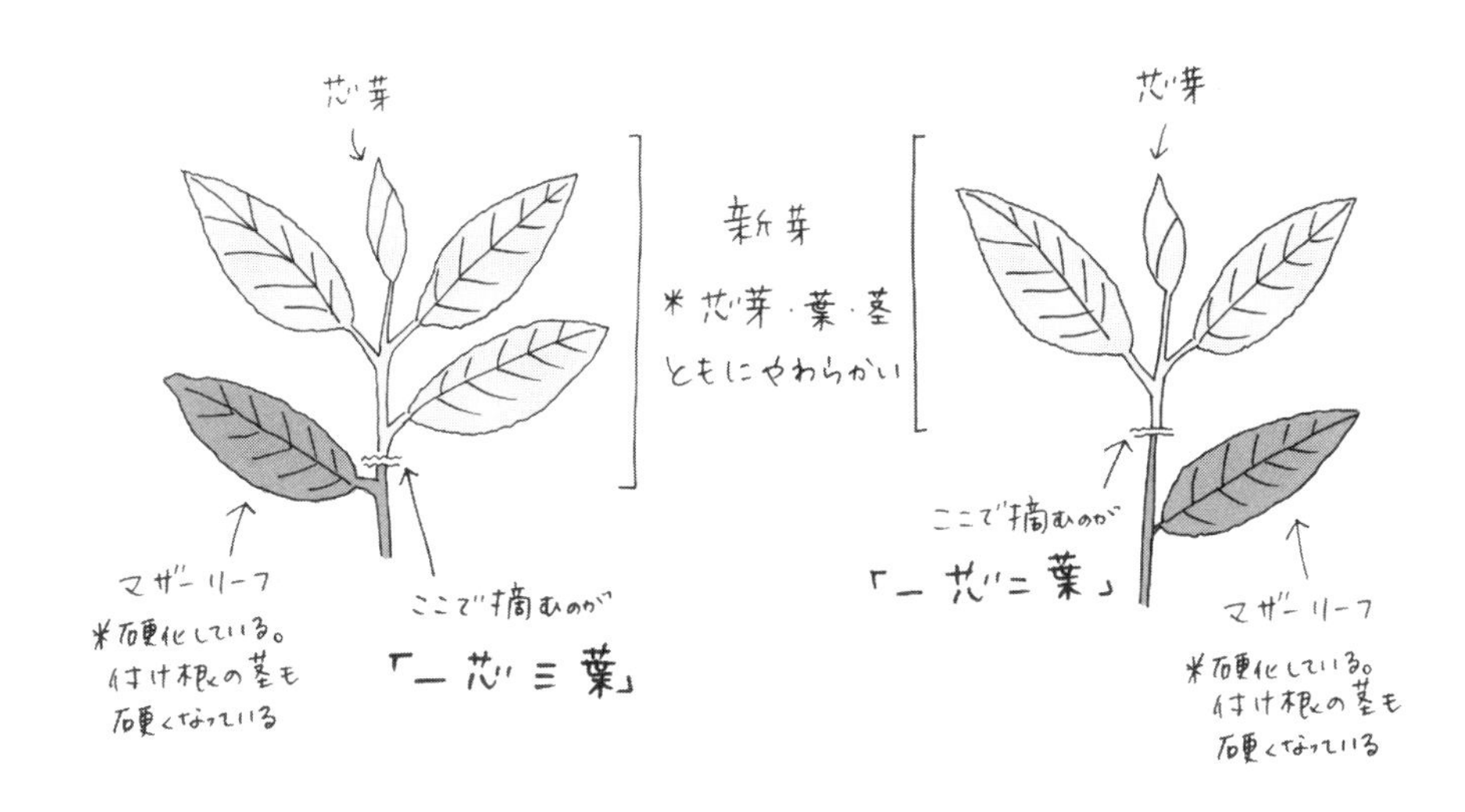

いないはずですが、製茶の作業が荒い紅茶には硬い茎や葉がまぎれていることがあります。

摘み取る芯芽と葉は、基本的にはやわらかいほうがよいとされています。また、同じ大きさの芽であれば、密度が高く、重いほうがよいというのが一般的です。

芽の密度は、茶樹の仕立て方によって変わります。一株の茶樹から多くの芽が伸びるように仕立てると、たくさん摘み取れる反面、根から吸い上げた養分は多くの芽に分散して吸収されるため、芽の一つひとつで育まれる紅茶に必要な成分が薄くなります。このタイプの芽や茶樹の仕立て方を「芽数型（がすうがた）」といい、収穫量は増えますが芽の密度は下がります。

一方、一株の茶樹からあまり多くの芽が出ないように、茶樹をコンパクトに仕立てるつくり手もいます。それにより、それぞれの芽が有する紅茶に必要な成分を濃くし、香り高い紅茶をつくろうというわけです。このタイプの芽や茶樹の仕立て方を「芽重型（がじゅうがた）」といいます。

基本的に、肥料の投与（この作業を「施肥（せひ）」と呼びます）の仕方が同じであれば、芽重型のほうが質の高い芽ができますが、多くの日本の生産者のようにしっかりと施肥を行う場合、施肥の内容によっては芽重型だとかえって臭みが生じることもあります。煎茶向きの窒素分の高い施肥では、とくにその傾向が強まります。

ところで、新芽のすぐ下にある成熟した葉のことを「マザーリーフ」と呼びます。マザーリーフは、硬化しているため摘んではいけない葉ですが、そこから次々と新芽が伸びてくるので、子を産む母にたとえて大切にされてきたのでしょう。インドやスリランカをはじめ、現在の南アジアでは茶摘みは女性が行うことがほとんどであり、マザーリーフという呼び名はわかりやすく、よい名だと思います。

Q 7

品種とは何ですか？

米に「コシヒカリ」「ひとめぼれ」「あきたこまち」といった品種があるのと同じように、チャノキにも多種多様な品種が存在します。Q3で説明したアッサム種や中国種といった系統の下で、さまざまな品種が展開されているイメージです。

日本の種苗法では、『品種』とは、重要な形質に係る特性（以下単に「特性」という。）の全部又は一部によって他の植物体の集合と区別することができ、かつ、その特性の全部を保持しつつ繁殖させることができる一の植物体の集合をいう」（原文ママ）と定められており、人にとって有用であること、特性が固定され、次の世代につなげられることが重要なポイントになっています。

チャノキは自家受粉しません。しかし種による繁殖（種子繁殖）では多様な特性の株が混ざるため、現在はおもに挿し木によって同じ品種の樹を増やし（栄養繁殖）、特性の固定化を図っています。品種はそれぞれ異なる特性を有し、生産者は育てる環境やつくる茶のタイプに合った品種を選んで栽培します。「紅茶も緑茶も烏龍茶も同じチャノキからつくられる」とよく耳にしますが、これは半分だけ正解。いずれもカメリア・シネンシスが原料という意味では正しいものの、品種レベルで見ると異なるチャノキを使っているからです。

産地では、品種のことを英語で「カルティヴァー（Cultivar）」あるいは「クローン（Clone）」、また特定の品種の茶樹であることを指す場合は「クローナルブッシュ（Clonal Bush）」などと呼びます。特定の品種を用いる長所は、各品種の個性を生かした特徴ある茶づくりができること、「収量を多くしたい」「病害虫や干ばつに強い樹が欲しい」といったつくり手のニーズに応えられること、品種が同じであれば育ち方も似ているため管理がしやすいことなどが挙げられます。

一方、短所は、画一的な茶づくりにつながりやすいこと、病害虫の流行や気候を含む環境の変化に弱いことなどが挙げられます。インドのトクライのTRA（茶業研究所）では茶園での品種の用い方に関して、「単一の品種だけで茶園の10％以上を占めないようにする」「一つの茶園で5種類以上の品種を植える」「クローナルブッシュと実生茶樹の理想的な割合は1対1」といった目安を設けています。なお、クローナルブッシュは、実生茶樹と比べて経済寿命が短いともいわれます。

Q8 品種はどのように育成されているのですか？

品種は多くの場合、研究機関などで交配、評価、選抜のプロセスを経て育成されます。その目的は、より収量が多く、品質の高い紅茶になることが期待できるチャノキや、病害虫や干ばつへの耐性が高く、特定の環境への適応力などをもつチャノキをつくり出すことです。

現在行われている一般的な品種の育成方法はこうです。

まず、優良な形質をもった親木を選んで交配し、生じた種を発芽させ、できた苗をさまざまな観点から調べます。チェックポイントは、製茶の過程で茶葉が発酵しやすく良質な紅茶が期待できるか、樹勢、単位面積あたりの芽の多さ、生育の早さ、各地域への適応性のほか、挿し木による繁殖方法に向いているかなど。多岐にわたる項目に対して好ましい特性を示した苗が選抜され、こうしたプロセスのくり返しの中で、これまでになかった優れたチャノキが育成されるのです。

苗木の調査と評価は、チェック項目が多いだけでなく、研究機関での栽培後、商業茶園にも試験的に導入するなど環境を変えての確認作業も行うため、長期にわたります。一つの品種の育成・登録には20年～25年ほどかかるとか。ずっと先を見据えながら行われる品種の育成は、いわば未来をつくり出す作業。浪漫を感じずにはいられません。

なお、品種の最終的な目的である茶業の収益性向上を実現するには、育成した品種を安価かつ簡単に大量生産する必要性があります。自家受粉しないという茶の特性上、品種を増やすには挿し木による繁殖を行う必要があり、品種と挿し木は表裏一体の関係といえるでしょう。

ごく簡単に思える茶の挿し木ですが、この技術はそう古いものではなく、主要茶産地において20世紀中ごろまでに確立されました。日本においては1936年、押田幹太が挿し木による繁殖方法を開発しました。

紅茶、緑茶、烏龍茶の違いは？どのように分類されているのですか？

紅茶はチャノキのやわらかい芽を使ってつくり出される飲みものですが、緑茶や烏龍茶もチャノキを原料とする飲みものです。これらの違い、そして分類するための有力な基準の一つが「発酵度」です。発酵度による分類では、緑茶は「不発酵茶」、烏龍茶は「半発酵茶」、紅茶は「完全発酵茶（あるいは強発酵茶）」とされています。しかし、この分類はわかりやすいようでいて、突き詰めていくと細かい矛盾をはらんでいることに気づきます。たとえば、ダージリンのファーストフラッシュ（Q40参照）や、ピーククオリティ（品質がもっとも高い時期）のヌワラエリヤなどは、かなり発酵が浅く、そのことはレモンイエローや山吹色の水色からもわかります。紅茶はかならずしも強発酵茶ではなく、まして完全発酵茶ではないのです。一方、烏龍茶の中には東方美人のように、多くの紅茶よりも発酵が進んだタイプもあります。発酵度による分類は、それぞれの茶の傾向を語るうえでは有力でも、完璧ではないのです。

そこで注目したいのが、製造方法による分類です。紅茶は、「クンツ（ドイツの植物学者）の分類によるカメリア・シネンシス（チャノキ）のやわらかい芽を使用し、萎れさせ、茶葉を揉み込み、酸化させて乾燥させたもので、抽出して茶としての飲用に適するもの」と、ISO規格で定義されています。同様に緑茶も、「クンツの分類によるカメリア・シネンシスのやわらかい芽を使用して、殺青（Q68参照）、揉捻（または破砕・Q66

参照)、乾燥(Q68参照)などの工程を経たもの」と定義されています。

一方、烏龍茶は、現時点ではISOによる規格が整備されていません。しかしながら、中国には「茶の六大分類」に沿いつつ製造方法を基準にした国家標準の分類があり、烏龍茶は「特定の品種の生葉を原料として、萎凋(Q65参照)、做青(茶葉の周縁部分をわずかに損傷させて酸化させ、緑葉紅辺と呼ばれる状態をつくること)、殺青、揉捻、乾燥を経たもの」と定められています。

なお、茶の六大分類とは、茶の水色と製造方法をからめた中国生まれの分類法のことです。下記の表のように緑茶や紅茶についても製造方法によって分類されており、それらはISOの定義とも符号しています。発酵度を基準にした分類とは違って矛盾が生じる部分はなく、明確な分類方法といえるでしょう。なお、中国では烏龍茶は「青茶」とも呼ばれ、かつては六大分類で青茶と表記されることも多かったのですが、烏龍茶の発酵度の多様性に配慮してか、現在では青茶という言葉は使われていません。

〈茶の六大分類〉

茶名	製造工程
緑茶	殺青-揉捻-乾燥
紅茶	萎凋-揉捻-発酵-乾燥
黄茶	殺青-揉捻-悶黄*1-乾燥
白茶	萎凋-乾燥
烏龍茶	萎凋-做青-殺青-揉捻-乾燥
黒茶	殺青-揉捻-渥堆*2-乾燥

＊1 殺青、揉捻などの工程を経た茶葉を積み上げ、湿熱作用によって緩やかに黄変させること。
＊2 一定の温度、湿度の条件のもとで茶葉を積み上げ、茶葉中の物質の緩慢な化学変化を促すこと。

Q10 シングルオリジンティーとは何ですか？

「シングル（Single）」＝「単一の」、「オリジン（Origin）」＝「起源、生まれ、素性　ｅｔｃ．」。「シングルオリジンティー」とは、厳密にいえば産地や茶園、品種などが単一な紅茶を意味します。たとえば、ダージリンのタルザム茶園は、シーズンごとに「ＡＶ２」や「Ｔ７８」、「Ｂ１５７」などの単一の品種を原料にして製造した紅茶をリリースしており、これらはまさにシングルオリジンティーといえます。

一方で、現状を見ると、シングルオリジンティーという言葉はもう少し緩やかにとらえられており、あらゆる点において単一を貫いた紅茶を指すとは限りません。広義として、シングルオリジンティーとは、産地や生産者が明確で、かつブレンドや着香などの加工を施していない、茶葉本来の個性を味わう紅茶ととらえるとよいでしょう。そうした言葉の背景にあるのは、地理的や気候的条件、品種、収穫や製造条件などによって個性の変わる農産加工品の奥深さを理解し、「まったく同じ」が存在しない「自然」を楽しもう、という精神です。

２０１７年現在、シングルオリジンという言葉は、コーヒーやチョコレートの世界において高い認知度を得るに至った感があります。一方、紅茶の世界では、全体的な消費の面から見ると、メーカーがつねに一定の味わいを消費者に届けるべくつくり上げた「ブレンド」（Ｑ11参照）がまだまだ主流であり、シングルオリジンティーの文化は「これから」といえます。

しかし、紅茶もあらゆる条件の違いから多様なキャラクターが生まれるものであり、シングルオリジンのコンセプトで楽しめる世界観を有しています。日本でもシングルオリジンティーにフォーカスしたイベントも開催されるようになるなど、紅茶の新たな楽しみ方として、シングルオリジンティーへの注目度はじわじわと高まっています。

Q 11 ブレンドとは何ですか？

「ブレンド（Blend）」は英語で「混ぜ合わせる」という意味ですが、紅茶の世界において「ブレンド」とは、メーカーや紅茶専門店などが複数の茶葉を混ぜ合わせる行為、およびその結果としてでき上がる製品をおもに指します。好ましい風味の紅茶を安定的に楽しめるように、というのがブレンドの狙いです。

馴染みのあるブレンドとして、「ブレックファーストティー・ブレンド」や「アフタヌーンティー・ブレンド」などが挙げられますが、同じような品名でも製造者（ブレンドを行う店や企業）によってレシピは異なり、それぞれが製造者のイメージする「朝の1杯」や「午後のひととき」を体現していています。

Q10で説明したように、紅茶は、産地、つくり手、品種、製造方法、シーズン、さらに原料となる茶葉を摘み取る日や製茶日の気象条件などによって個性が異なり、去年の同じ時期、同じ産地、同じ製法でつくられた紅茶が今年も同じ風味をもっているとは限りません。つねに一定の風味の紅茶を提供し続けることは、ブレンドによって初めて可能になるのです。また、「ストレートティー向きのブレンド」「ミルクティー向きのブレンド」というコンセプトのもとにブレンドを開発することで、ブランディングやマーケティングも効果的に行えます。

ブレンドはシングルオリジンティーとは真逆のコンセプトですが、それらに携わる人には無数に存在する紅茶の個性を正しく鑑定する力が求められる、という点は両者に共通します。

ところで、私たちが日常生活の中で、たとえば紅茶とハーブを合わせて楽しむ際、「紅茶とハーブをブレンドした」と表現することがありますが、前述のブレンドの定義から、このようなその場限りの楽しみ方は、ブレンドではなく「ミックス」と表現する向きもあるようです。しかしながら、ブレンドのもとの意味は「混ぜ合わせる」ですし、紅茶の楽しみを身近で気軽なものにしたいという観点からは、言葉の使い方は柔軟であったほうがよいと思います。

Q 12
フレーバードティーとは何ですか？

茶は、ほかの素材と組み合わせて楽しむこともできる柔軟で懐の深いものです。「フレーバードティー（Flavored Tea）」はそのことを端的に示す存在で、文字どおり「風味をつけた茶」のことをいい、日本では「着香茶（ちゃっこうちゃ）」と呼ばれます。茶葉に、花や果皮、スパイスなどを合わせたり香りを移したものや、精油や香料などで香りをつけたものなどがあり、製法によっては「センテッドティー（Scented Tea）」と呼ばれることもあるようです。材料の安定性や価格、多様なバリエーションが可能という利点から、現在は香料を使うタイプが主流です。

狭義のフレーバードティーともいえる香料を用いた着香茶は、紅茶の茶葉をベースにしたものも多く、アールグレイやキャラメルティー、アップルティーといった定番から、デザート風の名前や地名を冠したものまで多種多様に存在します。かつては、良質な紅茶を楽しむことが難しい環境下でもティータイムが過ごせるように、という観点から開発されたもののようですが、現在では品質の安定化以上に、創意に満ちた香りを茶葉に添加することで、オリジナリティや付加価値を生み出すといった側面が強くなっているように思います。

なお、「茶（Tea）」はＩＳＯの定義においては、紅茶のみならず緑茶なども含むため、フレーバードティーはかならずしも紅茶がベースとは限りませんし、その必要もありません。

Q 13

アールグレイはどんな紅茶ですか？

「アールグレイ」は「フレーバードティー」に分類される紅茶で、世界中でもっとも親しまれているフレーバードティーといえるでしょう。中国産の紅茶をベースにし、ベルガモットの香りをつけたものが一般的ですが、ほかにもさまざまな風味のアールグレイが販売されています。原料に茶以外も含むため、厳密には紅茶が原料の一つである「着香茶」のカテゴリーに分類されますが、日本では一般的に紅茶として扱われています。

アールグレイの発祥には諸説ありますが、1820年代にはすでにベルガモットで着香された紅茶が流通していたようです。その紅茶は、当時流通していた高価な紅茶の風味を真似た模倣品としてつくられたといわれています。一説には、「正山小種（せいざんしょうしゅ）」（ラプサンスーチョン・Q56参照）の一つである「煙小種（えんしょうしゅ）」のバリエーションが、モデルとなった高価な紅茶と考えられています。ベルガモットで着香された紅茶が古くから存在していた証拠の一つとして、1837年に「Brocksop & Co.（茶商と推測されます）は茶を人工的に着香し、英国の人々をベルガモット漬けにした」といった趣旨の訴えが英国の裁判所にあった、という記録が残っているそうです。

ベルガモット風味の紅茶がアールグレイの名を冠するようになったのは、1850年代といわれています。1830年代の英国の首相であるグレイ伯爵が、進物としてベルガモット風味の紅茶を受け取ったことにちなんだという説があります。またグレイ家によると、当時のグレイ伯爵家では住まいのあるイングランド最北の地ノースアンバーランドの水に合わせたブレンドを特注し、グレイ伯爵夫人のレディ・グレイは、この紅茶でロンドンで客人をもてなし、夫であり首相のグレイ伯爵をサポートしたと伝えられています。

一般的には、ジャクソンズ・オブ・ピカデリー社あるいはトワイニングス社がアールグレイの元祖といわれていますが、前述のような経緯があるため、どちらが真の元祖かを断言することはできません。また、2013年にジャクソンズ社はトワイニングス社の傘下となり、ジャクソンズ社の秘伝のブレンドである、ベルガモットを使わないラプサンスーチョンタイプのアールグレイは販売されなくなったため、この議論はますます意味をなさなくなりました。

アールグレイは祁門（きーむん）紅茶をベースにするのが正統だという主張もよく耳にします。しかし、祁門紅茶の発祥前からアールグレイは存在しており、また何よりも、アールグレイの風味で決定的な役割を果たしているのはベルガモットの香りであることから、ベースの紅茶が何であるかも、あまり重要な議論とはいえません。

さて、アールグレイはとても便利な紅茶です。ストレートでも楽しめますし、ミルクティーにしてもその清涼感は失われません。アイスティーにも向き、カフェで提供されるアイスティーのほとんどがアールグレイの茶葉を使って店で淹れたもの、あるいはベルガモットの風味がつけられたリキッドタイプの市販品です。また、ダージリンやアッサムなど、ほかの紅茶にアールグレイを少し加えると、ベースの紅茶の味を損なうことなくバリエーションをつけることもできます。アイスティーの場合も、ディンブラやニルギリ、キャンディをベースにし、そこにアールグレイの香りをほのかにきかせるというつくり方もあります。

Q 14

ハーブティーは紅茶や緑茶の仲間ですか？

ミントティーやカモミールティー、ラベンダーティーなどのハーブティーにも「ティー（Tea）」という言葉がついていますが、これらは紅茶の仲間ではありません。

茶は「カメリア・シネンシス」という植物から製造されているものと定義されており、これ以外はたとえ名称に「ティー」とついていても厳密には茶ではないのです。同様に麦茶やコーン茶、ドクダミ茶などの穀物茶や野草茶も「茶」とつきますが、ハーブティーと同様にカメリア・シネンシスからつくられたものではないため、厳密には茶と呼べません。このように「ティー」や「茶」とつくものの、厳密には茶と呼べないものを「茶外茶（ちゃがいちゃ）」と呼びます。茶外茶の多くは、昔から人々の生活に根づいてきた馴染み深いもので、また茶と同様、湯に浸出して飲むため、茶になぞらえて「ティー」や「茶」とつく名称で呼ばれるようになったのかもしれません。

ハーブや花などは茶との相性がよく、紅茶にミントやバラ、ラベンダーなどをブレンドした製品も多くあります。では、それらのように紅茶に何かをブレンドした製品は、紅茶と呼んでよいのでしょうか？　このことに関しては現状明確な判断基準はありませんが、紅茶と紅茶以外のものの比率、風味や形状、市場での一般的な解釈等を考慮し、消費者の視点にたって判断するべきでしょう。平成二十七年内閣府令第十号食品表示基準で、加工食品に表示する義務のある「名称」とは「その加工食品の内容を表す一般的な名称」とされている事や、同年消費者庁 食品表示企画課で作成された食品表示基準Q＆Aで緑茶及び緑茶飲料の

範囲に関して「茶葉の重量の割合が50％に満たないものは緑茶には含まれない」といった趣旨の記述がある事も参考になりそうです。

Q 15

有機栽培の紅茶はおいしくないって本当ですか？

一昔前まで、「有機栽培の紅茶はおいしくない」といわれることが少なくありませんでした。しかし今では、有機栽培の紅茶には、有機栽培ならではの独特の風味があり、産地によってはおいしさの面でも有機栽培以外の紅茶に勝っているケースがあります。なお、有機栽培に取り組む産地はいくつかありますが、現状、市場に流通している有機紅茶の多くはインド産です。

紅茶における初期の有機栽培はダージリンが舞台で、ドイツの自然食品のバイヤーのサポートによって導入されました。ヨーロッパではオーガニックに対する意識が比較的早くから高く、そのバイヤーが、安全なものを消費者に届けたい、生産者にも健康で健全な環境で茶づくりをしてほしいという願いから、でき上がった紅茶について一定以上の品質であれば定額で購入する契約を行い、有機紅茶の生産を支援したのです。

その際に実施されたのは、単に化学肥料と化学農薬を使わないという手法ではなく、茶樹自体の生命力を高め、生態系との調和を図りながら、豊かな自然環境を構築しつつ農業を行う「バイオダイナミクス」という理念に基づいた、より踏み込んだ有機農業でした。バイオダイナミクスは、オーストリアの哲学者であり、シュタイナー教育でも知られるルドルフ・シュタイナーが提唱したもので、人間の場合も、薬を飲んでいないといったレベルでの「健康」と、活力に満ちあふれた「健康」とではだいぶ開きがありますが、農業においても、ただ化学農薬を使わないだけの作物ではなく、農薬に頼らずとも病害虫に負けない、生命力の高い作物を栽培していこうというのが、バイオダイナミクスの考え方の一つです。

世界の紅茶生産では、もともと化学肥料はあまり使わないのですが、そうした茶葉よりも、手間暇をかけて有機肥料をつくり、施肥した畑から収穫された茶葉のほうが、ほのかなうまみと、さまざまな栄養分を吸収することで培われる複雑みをもった、ふくよかな味が育まれる傾向にあります。

ただし、有機栽培がさほど普及していないころは、一定額での購入が約束されていることもあり、高品質の紅茶をつくるモチベーションはあまり上がらなかったようです。その結果、ピーククオリティの紅茶に関しては、かならずしも有機栽培のものが優位とは限りませんでした。これが「有機栽培の紅茶はおいしくない」といわれた背景です。

インドでは、2005年ごろから有機肥料が市場に流通するようになり、また生産量を落とさずに有機栽培に切り替えるノウハウも蓄積されたため、ダージリンでは生産者の60％以上が有機栽培に切り替わり、ほかの産地でも有機栽培がだいぶ普及してきています。ダージリン同様、標高の高いニルギリでも有機栽培茶園が増加していきます。これには、比較的寒冷のエリアであり、害虫や病気のリスクが低いため、有機栽培との相性がよいという理由もあります。競合が増えた結果、有機栽培茶園も既存の売買契約に安心することなく、さらに品質を追求するようになり、良質な紅茶が数多く生産されるようになってきています。

なお、有機栽培には国際的な認証が整備されています。日本の場合は、化学肥料と化学農薬が3年以上不使用で、禁止物質が不検出であり、流通過程においても化学物質の汚染がないこと、その農産物のすべての耕作記録が製品からたどれるようにすることなどが、認証を受ける条件です。

Q 16

紅茶のパッケージにある「BOP」「FTGFOP1」などの文字列は何を意味するのですか？。

「BOP」も「FTGFOP1」も紅茶の「等級（グレード）」を表すものです。もともと等級は、チャノキのどの部分を摘み取って製茶したものなのかを示しており、それがすなわち「品質」を表すものでした。しかし今では、中国を除き、等級は品質ではなく、基本的には茶葉のサイズ（大きさ）や形状を示すものであるというのが一般的な認識です。

紅茶の世界には等級に関するさまざまな表記が存在しますが、「FTGFOP1」「TGFOP」など大きめの茶葉（長さ1cm程度）を表すもの、「BOP」「BOPF」など細かい茶葉（長さ2mm程度）を表すもの、そして「FBOP」「GBOP」

〈スリランカのハイグロウンのおもな等級〉

等級	大きなメッシュ	小さなメッシュ	形状など
Pekoe	1.70	1.40	丸い。カールしている
BOP	1.40	0.85	カールしている
BOPF	0.85	0.50	粒状である
Dust1	0.50	0.42	粒状である
OP	2.00	1.70	よれていて、長い

＊メッシュの単位はmm。

などその中間のサイズを表すものがあると考えてみるとわかりやすいと思います。

また、これらの等級は茶葉の大きさを基準にしているため、抽出時間の目安にもなります。一例として、150㏄の湯に対して茶葉2gを使用する場合、抽出時間はおおむね、「FTGFOP1」や「TGFOP」などは5分程度、「FBOP」や「GBOP」などは3～4分程度、「BOP」や「BOPF」などは2～3分程度になります。

では、主要な産地の等級を見てみましょう。右頁の表は、日本でよく流通しているようなスリランカのハイグロウン（Q48参照）の主要な等級を抜粋したものです。同地の紅茶は、ローターベインン（Q70参照）できざまれているために茶葉のサイズがおおむね小さく、そのため細かなピッチで等級分けされています。

一方、インドでは製造方法がさまざまで、できた紅茶の茶葉も形状や大きさが多様です。次頁の表は、オーソドックス製法（Q63参照）、あるいはローターベインを組み込んだオーソドックス製法でつくられた紅茶に適応されるインドの等級です。これらは、茶葉の形状や大きさのほかに、芯芽の有無なども基準になっています。しかし、等級分けは、ある程度茶園の判断に任されているため、基準はあまり明確ではなく、つくり手によって多少の違いがあります。

中国では、原葉（げんよう）（Q64参照）の使用部分や形状、大きさや色の均一さ、できた茶葉に異物や不適切な茶葉がどの程度含まれているか、できた茶葉の光沢、茶液の香り、味わい、水色、茶殻など、多面的に審査され、特級および1級～6級の等級がつけられます。このため等級区分についてはたいへん厳密といえますが、実際には製茶の時期によって等級がある程度決まる傾向にあるようです。

〈インドのおもな等級〉

❶ Whole leaf

FP (Flowery Pekoe)

FTGFOP (Fine Tippy Golden Flowery Orange Pekoe)

TGFOP (Tippy Golden Flowery Orange Pekoe)

TGFOP1 (Tippy Golden Flowery Orange Pekoe One)

GFOP (Golden Flowery Orange Pekoe)

FOP (Flowery Orange Pekoe)

OP (Orange Pekoe)

❷ Broken

BOP1 (Broken Orange Pekoe One)

GFBOP (Golden Flowery Broken Orange Pekoe)

BPS (Broken Pekoe Souchong)

GBOP (Golden Broken Orange Pekoe)

FBOP (Flowery Broken Orange Pekoe)

BOP (Broken Orange Pekoe)

❸ Fannings

GOF (Golden Orange Fannings)

FOF (Flowery Orange Fannings)

BOPF (Broken Orange Pekoe Fannings)

❹ Dust

OPD (Orthodox Pekoe Dust)

OCD (Orthodox Churamani Dust)

BOPD (Broken Orange Pekoe Dust)

BOPFD (Broken Orange Pekoe Fine Dust)

FD (Fine Dust)

D-A (Dust A)

Spl.D (Special Dust)

GD (Golden Dust)

OD (Orthodox Dust)

＊ ❶Whole leaf、❷Broken、などは形状のカテゴリー。

PART

2

おいしい紅茶を淹れるために

淹れ方と楽しみ方

道具

保存方法と買い方

Q 17 どんな紅茶が「おいしい紅茶」なのですか？

「おいしい」という感覚は個人の主観であり、他人の味覚を直接感じることができない以上、万人に共通する「おいしさ」を定義するのは不可能です。しかし、ここではあえて個人の好みを超えておいしい紅茶のイメージを膨らませてみます。

▼甘みと酸味があればおいしい

世の中のおいしい飲みものの多くは、甘みと酸味のバランスで成り立っています。ワイン、ウイスキー、コーヒー（とくに近年のスペシャルティコーヒー）、日本酒など、嗜好品とされる飲みものの多くは、甘みと酸味を兼ね備えています。「酸味はあるが、甘みは感じられない飲みもの」がおいしいと思われることは、まずないはずです。逆に「甘みはあるが、酸味はあまり感じられない」ケースでは、おいしいと思われることもしばしばあります。紅茶の場合も、甘みと酸味がほどよいバランスで両立していることが大切です。

▼渋みは味に立体感を与える

渋みや塩け、苦み、辛みなどは、おいしさに直結するとは限らず、不快に思われる可能性も高い味覚です。しかし、こうした要素が甘みと酸味のある飲みものに含まれると、途端にその飲みものの味に奥行が生まれます。とくに、渋みは嗜好品とされる飲みものにおいて重要な役割を果たします。たとえば、ワインやウイスキーにとって、渋みはそれらの価値を決めるうえで大切な要素の一つであり、その渋みは紅茶と同じ「ポリフェノール類」（Q66、Q67参照）によってもたらされるものです。したがって、紅茶においても適切な渋みを引き出すことが大切だといえます。

紅茶には、渋みの爽快感を前面に押し出しているタイプと、まろやかさがあり、その中で立体感を損なわない程度に渋みを感じさせるタイプがあります。どちらの方向性で渋みを表現するかは、つくり手のビジョンや、飲み手の背景にある紅茶文化によって異なりますが、いずれにせよ良質な渋みは紅茶にとって重要な要素といえます。

▼うまみはふくよかさ、まろやかさを与える

甘み、酸味のバランスがよく、渋みによって奥行が生まれると、紅茶の味わいはだいぶととのってきますが、それだけでは線の細い、貧弱な味にとどまってしまいます。ここに「うまみ」が加わると、俄然、ふくよかさやまろやかさが増します。

このまろやかさのスケールを決めるのは渋みです。渋みがないと、まろやかさのスケールが不思議と小さくなってしまいます。渋みなどで味に立体感を生み出し、そのうえでうまみが加味された味が、おいしいと感じやすいといえるでしょう。

▼価値を決定的に決めるのは香り

何がおいしい紅茶かを考えるには、味の要素だけでは足りません。人間がおいしさを決める最大の要素は、味覚ではなく嗅覚といわれており、紅茶においても香りはおいしさを判断する重要な要素です。紅茶にはさまざまな香りがありますが、その中でとくに上質な香りといわれるのが、花の香りと果実の香りです。また、穀物の香りや若葉の香り、ハーブやスパイスの香り、ウッディな香り、ロースト香などをもつ紅茶もあります。こうした香りの種類とその強さ、また組合せが、紅茶の風味に無限のバリエーションをもたらします。

Q18 紅茶の淹れ方の基本を教えてください。

　紅茶に限らず茶はポット（あるいは急須）で茶葉を一定時間抽出し、カップに一度に注ぎきるのが基本です。一度に注ぎきらないと、ポットに残った茶液はどんどん風味が変わってしまいます。ヨーロッパで花開いた紅茶文化においては、一度に注ぎきらず、茶葉と茶液をしばらくポットに入れておき、複数杯楽しむケースもありますが、基本は一定時間で抽出を終え、すべて注ぎきることだということをまずは押さえておきましょう。

　基本的な淹れ方は次頁のとおりです。もちろん、茶葉と湯は計量します。茶葉と湯の量、抽出温度と時間の目安は、一般的には紅茶のパッケージなどに書かれています。メーカーによっては水質や淹れ方まで想定して茶葉を買い付けているケースもあるので、初めて淹れる際はメーカーの推奨する淹れ方を試してみるのがおすすめです。もっとも、実際には地域や建物（一戸建か集合住宅かなど）によって水質にだいぶ違いがあるため、慣れてきたらそうした環境の違いも意識しながら、自分なりの淹れ方を模索するとよいでしょう。

1 湯を沸かす

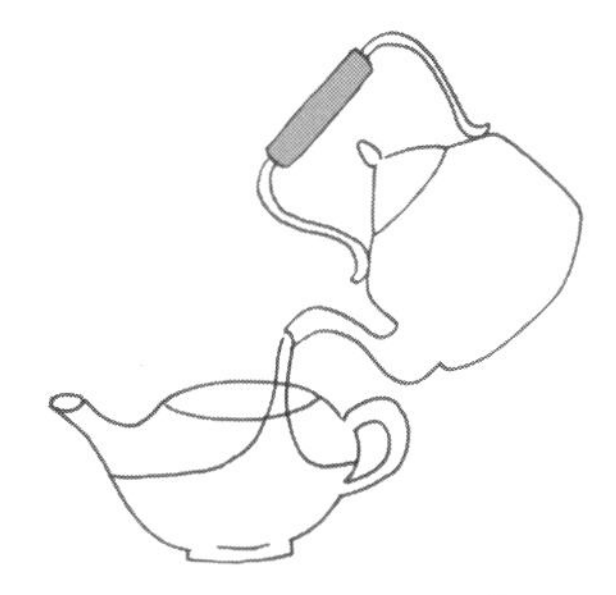

2 ポットに湯を注いで温める

3 ポットの湯をカップに移す

4 ポットに茶葉を投入

5 ポットにやかんの湯を注ぐ

6 一定時間抽出する

7 カップの湯を捨てる

8 カップに紅茶を注ぐ

Q 19

紅茶をおいしく淹れるこつを教えてください。

紅茶には多様な淹れ方がありますが、以下のように、どの方法にも共通するポイントがあります。

▼茶葉と湯の量、抽出時間はきっちりはかる

湯は計量してポットに注ぐよりも、あらかじめ「ここまで注いだら何cc」といった具合に、ポットの水位で目安を定めておくとよいです。ポットを秤に乗せ、そこに湯を注いで計量するのもよいでしょう。なお、紅茶の濃度は抽出時間ではなく、茶葉の量で調整するのがおすすめです。

▼事前に茶器（ポットとカップ）を温める

高い温度で抽出するために、ポットは事前に温めておきます。香りを楽しむには、カップに移した茶液もできるだけ高い温度をキープする必要があるため、カップも事前に温めておきます。

▼沸かしたての湯を使う

水は温度が上がると酸素の含有量が減ります。この酸素の量は、香りの立ち方に影響を与えるため、沸騰後も火にかけていたり、沸かし直したりして酸素がさらに減った湯は望ましくありません。また、加熱によって水質（硬度など）も変わるため、沸かしたての湯を使うのがベストです。いきいきとした風味の茶液を得るには、湯は高温であるべきですが、「100℃より95℃のほうがおいしくなる」という意見もあります。実際には紅茶によって香りや味の質、水質との相性に違いがあるため、どちらがよいとはいいきれません。

▼茶葉に湯を直接あてない

茶葉に湯を直接あてると、その衝撃で渋みが余計に抽出されるため、ポットの側面に湯をあてるようにして注ぐのがおすすめです。茶葉が湯に浮きはじめたら、茶葉にかかる衝撃は和らぐので、茶葉に湯が直接あたっても大丈夫。なお、湯を注いでから茶葉を入れる「上投法」は、茶葉が湯に馴染むのに時間がかかることがあり、抽出が安定しにくいため、紅茶ではあまり推奨しません。

▼ポットを保温する

ポットを保温するかしないかで紅茶の風味は変わります。「ティーコジー（茶帽子）」を使うのがシンプルかつポピュラーな方法です。ティーコジーがない場合も、ポットにタオルをかけるなどして、なるべく温度を高く保つようにしましょう。

▼ゆっくりとカップに注ぐ

すっきりとした味わいをめざす場合は、速やかに注ぎます。しかし、ほどよいスピードで注ぐほうが、おいしい茶液を得られるケースが多いです。

▼複数のカップに注ぎ分けるときは、水色は均一に、茶液の量は均等に

複数のカップに注ぐ場合、抽出したポットとは別のポットや「茶海（ちゃかい）」を温めておき、そこに茶液を一気に移し、そこから注ぎ分けると味が安定しやすいです。抽出したポットから直接注ぎ分けるときは、水色（すいしょく）（茶液の色）が同じであれば味も同じと考え、水色は均一に、茶液の量は均等になるように注ぎます。三つのカップに注ぐ場合は、A→B→C→B→Aの順に注ぐとうまくいきます。ただし、抽出の後半になるほど茶液は加速度的に濃くなり、渋みなどの味の大切な要素も強くなるため、最後の少量はとくに均等に分けましょう。

Q 20

淹れた紅茶を一度に注ぎきらず、2杯目、3杯目と楽しむ場合、どんな点に注意が必要ですか？

イングリッシュスタイルなどヨーロッパ式の紅茶の世界では、かならずしも一度に注ぎきるとは限りません。「1杯目はストレート、2杯目はミルクティー」、また「濃くなったらさし湯で薄める」といった飲み方もあり、それらはポットの中で、茶葉が茶液に長時間浸っていることを念頭に置いた楽しみ方です。

この場合、まず大切なのは、注ぎきる場合と同様にポットの保温です。2杯目、3杯目と時間をかけて楽しむ場合は、より保温に気を配る必要があります。

ポットから紅茶を何回かに分けてカップに移して楽しむ際、一般的に1杯目は薄く、2杯目以降は濃くなります。とくに縦長のポットだと、その差が顕著です。濃度のブレを少しでも抑えるには、カップに注ぐ前にポットの中の茶液をティースプ

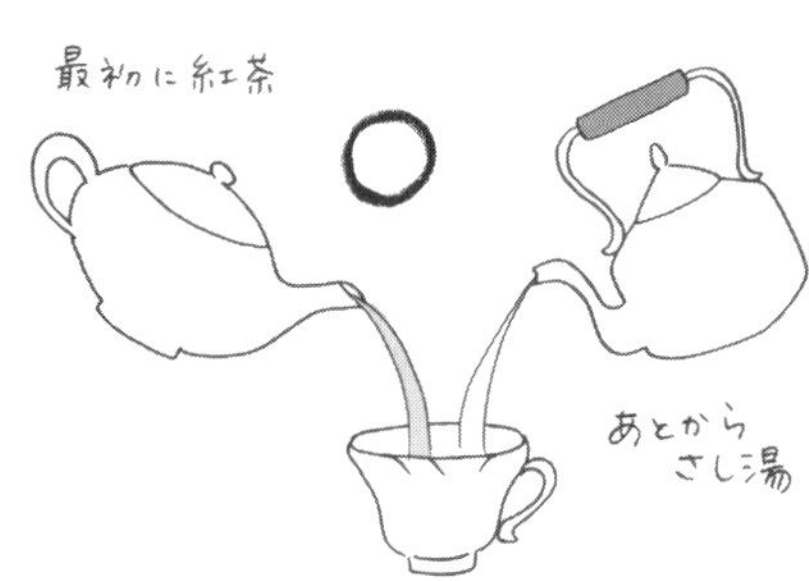

ーンなどで軽く混ぜるとよいでしょう。

また、1杯目の時点で茶液が渋くなりすぎないように注意が必要です。1杯目で渋くなりすぎた紅茶は、さし湯をして薄めても味わいは簡単にはととのわないのです。

ポットに残った茶葉は、時間とともにどんどん抽出が進みます。もちろん渋みも抽出されますが、それと同時にほかのさまざまな成分も抽出されて味わいが深まります。こうしてできた濃い茶液は、そのままでも楽しめますが、風味が強く感じる場合には、さし湯をしたり、ミルクを加えたりして味わいをととのえます。時間を経て濃くなった茶液は、1杯目とは異なり、おおむねさし湯で味わいをととのえることができるのです。なお、さし湯をする場合は、ポットに湯を足すのではなく、カップに湯を足すのが基本です。
冷たいミルクを加えることで温度が下がることが気になる人は、ミルクを60℃程度に調整して合わせるのがおすすめです。とくに使用するミルクが低温殺菌牛乳の場合、あまりに高温になると、せっかくの香りのよさが失われ、乳臭くなってしまいます。電子レンジにミルクを温めるメニュー（機能）があれば、それを使うと便利でしょう。

Q 21

茶葉を多めにすると甘みや香りを感じにくくなるのはなぜですか？抽出のベストポイントは？

紅茶を淹れ慣れている人であれば、誰でも一度は経験があると思います。もっとおいしく飲みたいと思って、ついつい茶葉の量を増やしてしまったところ、なぜか渋みばかりが目立つようになってしまったというケースです。茶葉を増やせば、甘みの成分も香りの成分も増すわけですから、渋みのみならず、甘み、香りともに強くなると思うわけですが、実際はそうなりません。

このことについて、現状、うまく説明できる科学的な知見はないようですが、私はこう考えています。古来から苦みは、人体に有害であることを知らせる味覚とされ、それが強すぎる場合にはおいしいと感じないように人間の知覚が進化してきたことが知られています。渋みと苦みは異なる味覚ですが、渋みは強くなると苦みに似てきます。そこで、苦みと同様、強い渋みを感知すると、甘みや香りについては脳が遮断し、おいしくないと判断できるようになったのだと思うわけです。いわば、身の危険を防ぐための、味覚、嗅覚のセンサーの進化の痕跡なのではないでしょうか。飲みごろを迎えていない赤ワインを口にしたとき、強い渋みが前面に出ていて、甘みや香りが充分に感じられないのも同様の現象だと思います。

このとおりだとすると、渋みの強さが、このセンサーが働くギリギリ手前のレベルのときに、甘みや香りがもっとも強く感じられるということになります。ゆえに、抽出のベストポイントはこの段階だと考えられます。このように渋みに留意しながら適正な茶葉の量と抽出時間を定めると、うまく抽出できます。渋みには良質なものとそうでないものがありますが（Q22参照）、良質な渋みでも適切な強さであることが大切なのです。

Q 22

紅茶にとって好ましい渋みとは？

Q62で述べますが、紅茶の味づくりには大きく中国式とインド式の二つのスタイルがあり、両者では渋みのとらえ方が異なります。インド式のほうが渋みに肯定的ですが、とはいえ、あらゆるタイプの渋みが紅茶にとって好ましいわけではありません。渋みのタイプ（感じ方）は多種多様で、好ましいものと、不快なものとがあります。ここではテイスターの立場から、多様な渋みについて評価してみたいと思います。

渋みの中でもっとも好ましいものの一つは、舌の中央で転がるように感じられる渋みです。これは、舌を収斂（しゅうれん）させることによって感じられるもので、細かな炭酸の刺激を受けているようなやさしい感覚です。このような渋みがある程度強く感じられることを、テイスターは「Brisk（いきいきとした）」と表現します。これは質の高い紅茶に顕著な渋みです。舌の表面の周縁部でおもに感じられる、「キレ」をもたらす渋みも上質な渋みといえます。この渋みが適度に感じられると、茶液がのどへと落ちていったあとに心地よい爽快感が口

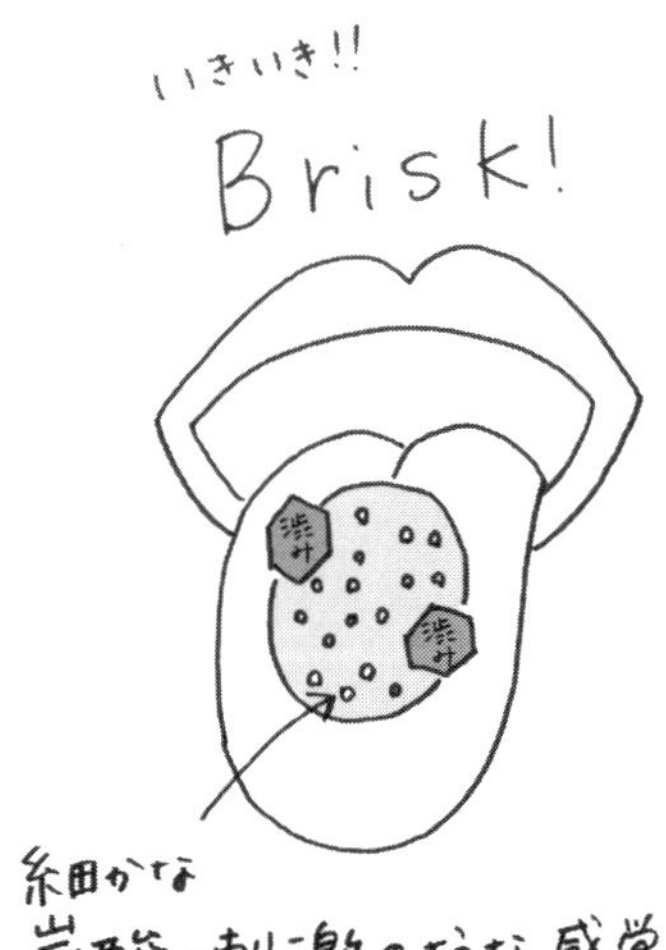

に残り、茶を飲んだという満足感が得られます。このニつのタイプの渋みは、ピーククオリティ(品質がもっとも高い時期)のダージリンなど、発酵が浅く、比較的水色が薄い紅茶や、烏龍茶に多く感じられるものです。

それらよりも力強い、舌の中央を強く押されるように感じる渋みも、紅茶にとって好ましいものです。アッサムなどでは高く評価されます。ミルクティーにしても、芯のある紅茶の風味が感じられるからです。また、このタイプの渋みをもつ紅茶は、頬で感じる収斂性をもち合わせていることが多く、この感覚は舌の上で感じるものではないため、渋みとは表現されず、「ボディ」という言葉で表されます。こうした渋みやボディは、発酵度の高い、水色が赤みを帯びている紅茶に感じられ、上質なアッサムやルフナなどに顕著です。

このほか、芯芽を強く揉みすぎた紅茶に多い、舌の表面をザラつかせるような味や、発酵不足(Q67参照)に由来する舌にひっかかるようなエグミ、製茶の乾燥(Q68参照)の工程で温度が高すぎた紅茶に生じる、舌にチリチリと感じられるような辛みに近い雑味も、いわゆる渋みの一種ですが、これらは不快な渋みに属します。それぞれの渋み成分は、分子構造が明らかになっていないものも多いのですが、製造中の茶葉の何らかの化学変化と対応していることは間違いなく、テイスターは渋みの感じ方から、どの工程でどのようなことが起こったかをある程度推測できます。

不快な渋みはないに越したことはありません。しかし、不快な渋みと良質な渋みをあわせもつ紅茶は、ままあります。そうした紅茶の場合は、不快な渋みが良質な渋みよりも短時間で抽出されるのか、長時間で抽出されるのかを見極めることが大切です。それをもとに、茶葉の量と抽出時間の適切な組合せを見出せると、その茶葉による1杯の満足度がぐっと高まるはずです。

Q 23

茶葉や淹れ方などの条件のほかに紅茶の風味に影響を与えるものはありますか？

どんなに適切に淹れても、どんなに不確定要素を排したつもりでも、抽出した紅茶が思った風味にならないことがあります。またその一方で、予想以上においしく淹れることができたという経験のある人も少なくないでしょう。じつは、紅茶の風味には、通常の生活の中ではコントロールしきれない、いくつかの要素が関与しているのです。

もっとも手の打ちようがなく、かつ不可避的に起こるのが気圧の変化にともなう風味の変化です。茶は、気圧が不安定な時期にはもち味が発揮されにくいことがあり、長く茶に携わっている人であれば誰でもそうした経験があると思います。

日本では6月～7月にかけて梅雨になりますが、この時期はとくに気圧の影響を受けやすいといえます。この時期、家庭でも淹れた茶の風味が思っていたよりも弱いということがしばしば起こります。鮮度が高く、香りがよいはずのその年の新茶を使った場合だとしてもです。そんなときは、茶が湿気てしまったと思うかも知れません。しかし、梅雨が明けて気圧が安定すると、同じ茶の風味がいつの間にか回復していたりします。それは、原因が湿気ではなく、気圧の変化にあるからです。

同様のことは、標高の高い場所に茶葉をもって行って、そこで茶を淹れても起こります。これも標高差によって気圧に変化が生じることが、おもな原因と考えられます。

　また、梅雨どきに限らず、現地から届いたばかりの茶葉は、大抵の場合、もち味が発揮されるようになるまでには数週間かかります。こうした現象はワインやビールなどでも起こります。ワインの世界では、ワインを運ぶのに要した時間だけ休ませてから開栓したほうがよいといいますが、それも気圧の変化などへの配慮でしょう。乾物である茶葉と液体であるワインとで、同じ現象が起こるのは不思議というしかありません。

　さらに不思議なのは、気圧が不安定な時期だからといって、かならずしも紅茶の風味が落ちるわけではないということです。ごくまれに奇跡的に風味がよくなるケースもあるのです。一度このような経験をすると、その風味を求めて淹れ方などを試行錯誤してみるのですが、大抵、その風味は二度と再現できず、一期一会で終わります。

　気圧のほかに、気温や湿度なども茶の風味に影響を与えるといわれています。

　また、淹れる時間帯によって茶の風味が変わることも少なくありません。とくに、水道水を使う場合にそうした変化が顕著です。不思議なことに、朝のうちは紅茶の渋みがよく引き出され、骨太の味わいになりやすく、午後になってくるとだんだん味わいがまろやかになり、深夜に淹れると線が細く、浅薄な味に感じられることがよくあります。紅茶専門店やメーカーなどの中にはおすすめの紅茶を、朝食向き、昼・午後向き、夜向きとして紹介することがありますが、その理由の一つには淹れる時間帯によって茶の風味が変わるということもあるのです。

Q
24

ティーバッグの素材にはどんな種類がありますか？おいしく淹れるこつも教えてください。

近年、価格は高いものの、上質な茶葉を使ったぜいたくなティーバッグも見かけるようになりました。注目したいのは、茶葉だけでなく、ティーバックの素材も進化しているということ。紅茶のおいしさをティーバッグで再現するうえでもっとも重要なのは、ティーバッグの素材なのです。

ティーバッグの素材には、定番のろ紙のほか、不織布、ナイロン、ポリエステル、ソイロンなどがあります。ソイロンはトウモロコシの繊維を原料とする素材で、抽出後に生分解されるため、生ゴミとして処理できます。このうち、ろ紙や不織布などは吸水性が高いため、ティーバッグそのものが紅茶の成分を吸収してしまい、味わいがととのいにくくなるケースがあります。一般的な品質の茶葉を抽出するにあたってはさほど気になりませんが、高品質の茶葉には向きません。

一方、ナイロン、ポリエステル、ソイロンは、吸水性がほとんどない素材です。ただし、ナイロンとポリエステルには、繊維自体にわずかながらにおいがあります。気になるほどのにおいではありませんが、それが紅茶の香りに溶け込んでしまうと、わずかに風味に影響が出てしまいます。ゆえに、理屈のうえでは、においがなく、吸水性もほとんどないソイロンが、紅茶の風味をもっとも素直に表現できる素材といえます。

　以前、三角形のテトラタイプのティーバッグがつくられはじめたころ、ナイロン、ポリエステル、ソイロンの3種類のティーバッグと、リーフティーとを、同じ茶葉を使って同一条件で抽出して飲み比べたところ、その結果は予想を裏切るものでした。ソイロンのティーバッグで抽出したものは、リーフティーから直接抽出したものよりも香りがわずかに高く、味わいもきれいだったのです。それは、紅茶のアクを漉すというティーバックならではの特性が影響したのだと考えられます。紅茶は多かれ少なかれアクが出るものであり、それらは雑味の原因になります。キメの細かいティーバッグを使うことで、アクをティーバッグの中にとどめ、より清らかな味わいに抽出することができるのです。

　ティーバッグを使っておいしい紅茶を淹れることつは、リーフティーと同様、計量と保温をきちんと行うことです。ポットを使わずに直接カップで抽出する場合は、事前にカップを湯で温めたのち、ティーバッグを入れて適切な量の湯を注ぎます。このあと、抽出中に湯の温度が下がらないようにカップに蓋をすると、香りも味わいもぐっと引き立ちます。

　また、ティーバッグをカップから取り出すときは、ティーバッグからしたたる茶液も大切に。ポットでの抽出と同様に、抽出の後半であればあるほど茶液の風味は強いのですが、ティーバッグをぎゅっと絞ると必要以上に渋みが出てしまうので、極力自然にカップに落としましょう。

Q 25

ミルクティーの淹れ方のポイントを教えてください。

紅茶にミルクを加えた「ミルクティー」は、緑茶や烏龍茶など数ある茶の中でも紅茶特有の楽しみ方です。

紅茶にミルクを加えるようになった背景を考えてみると、英国の食文化に古くから乳製品が取り入れられていたこともありますが、何より紅茶特有の味や成分がミルクを合わせるのに向いていたということがいえるでしょう。紅茶の大きな特徴である発酵に由来する風味こそが、おいしいミルクティーを味わうためのポイントなのです。

こうしたことからミルクティーには、しっかりと発酵させることで生み出されるボディ、さらに渋みやコクをもつ茶葉がおすすめです。アッサムやルフナ、サバラガムワなど低地産の紅茶は、一般的にこれらの性質が強いといえます。また、高地産の紅茶でも茶葉が細かい「BOPF」や「Dust 1」などの等級のものはしっかりと抽出されるため、ミルクに負けないボディが楽しめます。

ミルクティーに使うミルクは、「低温殺菌牛乳」がおすすめです。日本で流通しているミルクの大半は、「超高温瞬間殺菌」という殺菌方法が採用されています。これは120〜130℃で2〜3秒の殺菌を行ったものですが、この処理が施されたミルクは高温によってタンパク質が変性するため、

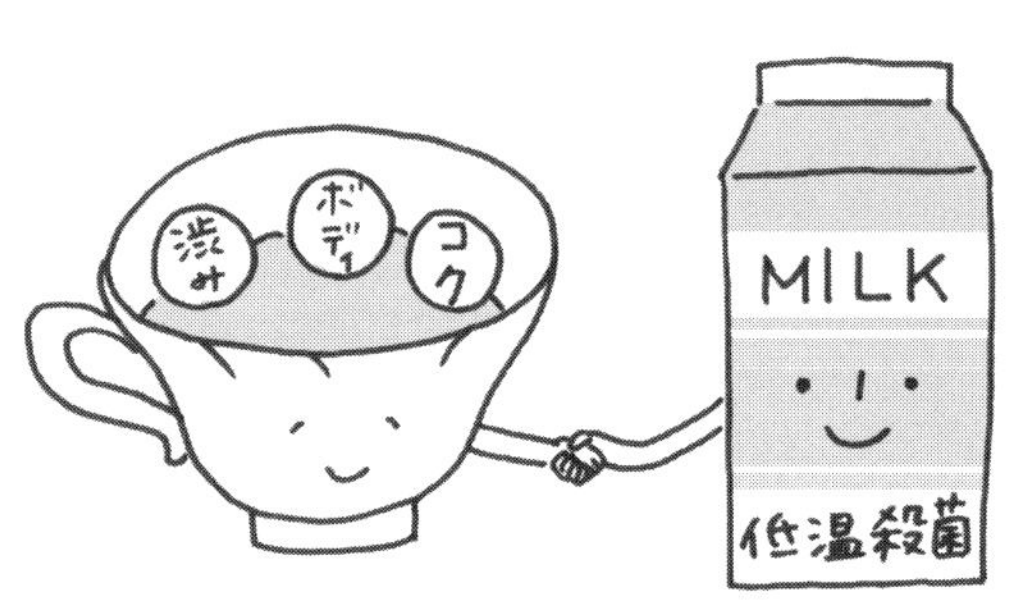

独特のにおいとコクがあり、ミルクティーにすると、そのにおいや味わいのクセが強く感じられてしまいます。

一方、低温殺菌牛乳は63〜65℃で30分の殺菌を行う「低温保持殺菌」が施されており、この殺菌方法だとタンパク質が変性しません。ゆえに、さらりとした口あたりでクセがなく、紅茶と合わせても紅茶の特徴が充分に生かされ、おいしさがより引き立ちます。超高温瞬間殺菌牛乳に比べると流通量は少ないのですが、ミルクティーとの相性に関しては低温殺菌牛乳が圧倒的に優位です。

さらに、低温殺菌牛乳の中には、脂肪球を均一化(ホモジナイズ)する処理をしていない「ノンホモジナイズド牛乳(ノンホモ牛乳)」というタイプのものもあります。生乳に近い、自然本来の味わいが特徴で、こうしたミルクを使うと一味違ったミルクティーが楽しめるかもしれません。

充分な発酵によって生成されるボディ、そして渋みのもとになる成分には、高温で蒸らすと抽出されやすくなるという特徴があります。ミルクティーとして味わう際の紅茶は、茶葉をやや多めに使用してきちんと高温で蒸らし、しっかりと成分を抽出しましょう。こうして濃く淹れた紅茶にミルクを注ぐことで、苦みや渋みはほどよく和らぎ、味わいに奥行が生まれます。また、ストレート用に淹れた紅茶でも、ティーポットに入れたままで抽出が進んで濃くなった2杯目以降の紅茶であれば、ミルクティーにすることで別の味わいが楽しめます。

使うミルクは、タンパク質の変性を防ぐためにも温めないのがおすすめです。カップの紅茶の温度が低くなることが気になる場合は、ミルクを常温にもどすか、ミルクピッチャーを温めてから使うとよいでしょう。もちろん、ミルク自体をある程度温めてから紅茶と合わせるケースもありますし(Q20参照)、楽しみ方は人それぞれです。

Q 26

チャイとは何ですか？淹れ方も教えてください。

「チャイ」という言葉は、もともと「茶」を意味します。茶が中国からおもに陸路で伝わった国や地域で広く使われている言葉で、地域によって飲み方はさまざまです。中でももっとも知られているのが、インドで広く親しまれている「煮出し式ミルクティー」です。インドには古くから「アーユルヴェーダ（インドの伝統医学）」の考え方にもとづいてスパイスやハーブなどを煮出し、ミルクや砂糖を混ぜたりして、おばあちゃんが家族のためにつくる薬のようなレシピが家庭ごとにあったそうです。地域によっては材料の一つにチャノキの葉を用いることがあったともいわれています。

一方、20世紀初めに英国統治下のインド紅茶協会が、軌道に乗ってきたインドでの紅茶生産をさらに加速させるためにインド国内でのプロモーションを展開しました。繊維工場や鉱山、主要な鉄道の駅などに茶店や屋台をつくり、当時紅茶を飲む習慣がなかったインドの人々に喫茶の習慣を根づかせようとしたのです。当初は英国式の喫茶スタイルを奨励していたようですが、使う茶葉の量が少なくて済む煮出し式のほうが浸透し、前述の家庭のレシピと相まって現在のチャイのスタイルができ上がったそうです。また一説には、紅茶の増産にともなって規格外の紅茶が庶民に安く流通するようになり、これを活用するために編み出された方法がチャイだったともいわれています。

瞬く間にインドの庶民の間に広まった煮出し式ミルクティー「チャイ」は、今やインドを世界最大の紅茶消費国に押し上げ、この国を象徴する庶民の味になりました。地域によってさまざまなチャイの楽しみ方がありますが、街中の「チャイ屋」はスパイスを使わずに水、ミルク、茶葉、砂糖だけでつくったプレーンなチャイを出す店が多いようです（202頁参照）。プレーンなチャイの基本的なつくり方は以下のとおりです。

〔チャイのつくり方〕

❶鍋に水と茶葉を入れ、強火で沸騰させる
❷沸騰したら火を弱めて1分煮出す
❸ミルクを加えて火を強め、沸騰直前に火を止める
❹茶葉を漉し、砂糖をたっぷり入れて完成

1人分250ccに対し、水とミルクの量は1対1〜1対2、茶葉の量は4〜8g程度で好みで調整します。ミルクが多いほど茶葉をたくさん使ったほうがよいでしょう。チャイの濃さは紅茶の濃度によるので、ミルクだけでつくらず、かならず水を使って紅茶のエキスを充分に煮出すのがポイントです。スパイスを使う際は、❶の前に、いったんスパイスを煮出してから茶葉を加えたほうがスパイスの風味がしっかりと味わえます。

茶葉は、一般的にミルクティー向きとされるアッサムやセイロンで、CTC製法（Q71参照）や細かい形状のものがおすすめですが、大きな茶葉でも量を多くすれば味を強く出せるので、家庭で余っている茶葉を使ってもよいでしょう。ミルクは一般的に流通している高温殺菌タイプで充分です。脂肪分の多い成分調整牛乳などよりも、茶葉の量を増やしたり、ミルクの比率を高くしたりするほうがコクのあるチャイがつくれます。また日本では砂糖の使用を避ける傾向が強いですが、隠し味程度にでも加えたほうが、口あたりがまろやかになって味に深みが出ます。

Q 27

アイスティーをつくったら白く濁ってしまいました。なぜですか？

温かい紅茶に氷を入れて冷やすと、白く濁ってしまうことがあります。これは「クリームダウン」と呼ぶ現象で、見た目も味もすっきりしないため、アイスティーをつくる際には避けたいものです。クリームダウンは、抽出した紅茶に含まれるタンニンとカフェインが結びつくことで生じる現象で、これらの成分は緩やかな温度の低下によって結びつきやすいという性質があります。そのため、緩やかな温度の低下を避けること、つまり急冷がポイントになります。少し濃いめのホットティーを淹れ、これを大量の氷で急冷すると紅茶の風味が保たれたおいしいアイスティーになります。

茶葉の量と抽出時間は、温かい紅茶を淹れる場合と同じです。ただし茶葉の量は、氷が溶けたあとのでき上がりのアイスティーの量に合わせて決めます。たとえば1000ccのアイスティーをつくるには、1000ccのホットティーをつくるときと同量の茶葉を使います。また、湯の量はでき上がりのアイスティーの4分の3の量にします。1000ccのアイスティーをつくる場合は湯750ccを使うと、氷が溶けたぶんと合わせてでき上がりが1000ccになります。以下は、これらの条件を踏まえて淹れた温かい紅茶（750cc）の急冷方法です。

〔紅茶の急冷方法〕

❶ 温かく淹れた紅茶の茶葉を漉して、いったん口の広い容器に注ぎきる

❷ 氷をいっぱい入れたボウルに①の4分の1量を一気に注ぎ、すぐに氷を手で押さえながら別の容器に移す

❸ ②をあと3回行う

この方法で1000㏄の常温のアイスティーができ、飲むときに氷を入れたグラスに注ぐと、紅茶の風味がしっかりと味わえる冷たいアイスティーになります。温かい紅茶を冷やす際、紅茶の量に対して氷の量が少ないと冷え方にムラができ、部分的に緩やかに温度が低下してしまいます。また、氷に紅茶を少しずつ注いで冷やすと、氷の溶け方が安定せず、濃さを一定にしにくくなります。そのため、大量の氷で一気に冷やすのがおすすめです。ただし、この方法でつくったアイスティーも、冷蔵庫で冷やすと少しずつ温度が下がるため白く濁ります。残ったアイスティーは常温で保管し、その日のうちに飲みきりましょう。

クリームダウンの原因となる成分を減らすのも一つの方法です。一般的にミルクティーに向く茶葉はタンニンが多く濁りやすいため、アイスティーをつくるのが難しいといえます。また、使う茶葉を減らす、抽出時間を短くする、低い温度で淹れるなどの方法も考えられます。しかし、これらの方法は紅茶の風味に影響を与えるため、場合によってはもの足りなさを感じる仕上がりになってしまいます。一方、温かい紅茶にグラニュー糖を加えてから冷やすという方法もあります。冷やす前にグラニュー糖を加えると、タンニンとカフェインが結びつきにくくなるのです。

中国、インド、スリランカなどの茶の生産国のように紅茶を飲む習慣が根づいている国では、紅茶に限らず、茶を冷たくして飲む姿をあまり見かけません。その点では、日本も古くから茶の文化が根づいていますが、その楽しみ方については寛容で柔軟性があるともいえます。

Q 28

紅茶は水出しでも楽しめますか？

「水出し」は、紅茶にとって優秀な抽出方法の一つです。熱湯で抽出したものを冷ますタイプのアイスティーはすぐにでき、ミルクを合わせればのど越しのよいミルクティーにもなる反面、使う茶葉を選び、またクリームダウン（Q27参照）の心配があります。一方、水出しアイスティーはおおむね茶葉を選ばずに失敗なく抽出でき、多少古くなった茶葉でもそのよさが出やすい傾向にあります。また、渋みが出づらく、甘みなどほかの風味がバランスよく表現された、繊細な味わいに仕上がるのも水出しアイスティーの特徴です。

水出しアイスティーのつくり方はきわめて簡単です。ホットの紅茶を淹れるときと同じ分量の茶葉と水を用意し、容器に茶葉を入れて水を注ぎ、常温、あるいは冷蔵庫でじっくりと時間をかけて抽出すればでき上がりです。抽出時間の目安は、常温で3〜4時間程度、冷蔵庫で一晩程度。好みの味わいになったら茶葉を漉して取り除きますが、面倒であればしばらく入れたままにしておいても、さして問題はありません。常温で抽出すると前述したような繊細な味わいが楽しめますし、冷蔵庫で冷やしながら抽出すると、きりっとした、のど越しのよいアイスティーに仕上がります。

茶葉をあまり選ばない水出しアイスティーですが、とくに相性がよいのはアッサム、ダージリンのセカンドフラッシュ（Q40参照）、蜜香（みっこう）紅茶（Q57参照）などで、水出しアイスティーにするとそれらの味わいの美点が強調される傾向にあり、びっくりするほどおいしいアイスティーになります。一方、熱湯で淹れて冷やすタイプのアイスティーに向く茶葉は、水出しよりも熱湯からつくったほうがよい結果が得られる傾向にあります。

さて、水出しアイスティーについては、注意事項が一つあります。それは信頼できる茶葉を使うということです。紅茶に限らず茶全般にいえますが、茶は熱湯で抽出することを前提につくられており、仮に茶葉に雑菌が付着していても熱湯で消毒されます。しかし、水出しではそうはいきません。ゆえに、雑菌が付着していない茶葉でなければ安心して水出しアイスティーを淹れることができないのですが、多くの生産者が安全性や衛生面に気をつかっているとはいえ、製造の過程で茶葉に雑菌が付着しないとはいいきれません。

この問題をクリアするには信頼できる茶葉であることが不可欠ですが、では何が信頼できる茶葉かといえば、その最有力は殺菌処理が施された茶葉です。紅茶ブランドやメーカーによっては、特別に殺菌した茶葉を使用している水出し専用の商品を用意しています。また、ＩＳＯ９００１やＩＳＯ２２００１、ＨＡＣＣＰなど食品の安全に関わる認証を取得している生産者の茶葉や、輸入者が現地を視察して製造工程の安全性をきちんとチェックした茶葉なども比較的信頼度は高いですが、その茶葉が水出しで淹れてよいものかどうかは購入時に店に聞いてみるとよいでしょう。

水出しアイスティーのバリエーションの一つに、「サンティー（Sun Tea）」があります。これは、日光のあたる場所で水出しを行うというもので、近年、日本でブームになりました。しかし、仮に菌が付着していた場合、このスタイルは常温での抽出以上に菌が繁殖しやすい可能性もあるなど、不安に感じる点があります。せっかく時間をかけておいしいアイスティーをつくるのですから、衛生面に配慮して安全に楽しみたいものです。

Q 29

紅茶に向く水質について教えてください。

紅茶にはどのような水が合うのでしょうか？これは非常に難解なテーマで、簡単には答えを出すことができません。水質を表す尺度の一つに「硬度」がありますが、同じ硬度の水でもマグネシウムやカルシウムなど、含まれる物質の分量やその比率が違えば味わいは異なります。

近年ではペットボトル入りのミネラルウォーターが安定して入手できるようになりましたが、水源によっては季節の違いで水質に変化が生じるケースもあるようです。また、水は沸かすことでも水質が変わってしまいます。水について論じるのは、とても難しいことなのです。

一般論としては、硬度が低いと紅茶の香りは立ちやすく、渋み以外の味わいは出にくいといわれています。逆に硬度が高くなると、香りは立ちにくくなる一方で、まろやかな味になりやすく、水色は濃くなる傾向にあります。このため、香りを身上とするピーククオリティの紅茶に関しては、軟水のほうが向いているといわれています。逆に通常レベルの品質の紅茶に関しては、硬水のほうが飲みやすいケースもあるかも知れません。

しかし、軟水にせよ、硬水にせよ、硬度が極端に低かったり、高かったりするのも問題です。たとえば、白神山地の水のようにブナ林を水源とする水は、艶やかで硬度が非常に低い軟水といわれています。ところが、このような水を使って紅茶を淹れると、なかなか思うように抽出が進まず、線の細い風味になってしまうことがあるのです。

水質は紅茶の風味に大きな影響を与えるため、紅茶に力を入れているカフェや専門店にとっては、理想とする水質を得ることがノウハウの一つになります。そこで、浄水器にこだわったり、水質を変える工夫をしたりしている店もあります。

一方、自社輸入の茶葉の販売店などは、自店でおいしい紅茶を淹れられることよりも、消費者が家庭でおいしい紅茶を淹れられることが大切であるため、買い付けた茶葉のテイスティングに使う水には、なるべく消費者が使うのに近い水質であることが求められます。そこで、何らかの基準を設けて使う水を選定し、つねにその水を使ったり、一定の環境下での抽出を心がけたりすることも多いようです。そのため、自分の住む地域に茶葉の販売店がある場合には、その店の商品は家庭の水に近い水質が想定されていると期待できます。

一般の家庭では水道水をそのまま沸かすケースのほかに、浄水器を使うことも多いと思います。


浄水器を利用すると、それだけで紅茶の風味はだいぶ変わります。浄水機能だけでなく、水の硬度などを変化させる機能をもつ浄水器も少なくないようです。浄水器を使うとマグネシウムやカルシウムなどの物質も多少はフィルタリングされるため、硬度が下がる傾向にあると思いますが、その程度によっては、使用する茶葉にもよりますが、香りや味があまり出ないケースもあるようです。

経験的には、ディンブラやヌワラエリヤなどスリランカの産地の紅茶は、ある程度軟水寄りのほうが、のど越しがよく、つるりとした風味の茶液を得られる傾向にあるように思います。一方、インドのダージリンなどは軟水がよいとはいっても、マグネシウムやカリウムなどの物質が少なすぎると、深みが出にくくなってしまいます。紅茶と水、その関係は切っても切り離せないのに、どこまで理解しようとしても謎が残ります。何だか、恋人どうしの関係に似ていますね。

レモンティーは邪道な楽しみ方なのですか？

基本的に紅茶は嗜好品であり、楽しみ方に王道も邪道もありません。それぞれの人が、自分の好きなように楽しむものです。飲食店で紅茶を注文すると「レモンかミルクをおつけしますか？」と聞かれるように、レモンティーはとてもポピュラーな飲み方といえます。

とはいえ、紅茶とレモンとの相性は議論があるところで、使用する茶葉の品質があるレベルから上に行くほど、レモンとの相性は悪くなるばかりだというのも事実です。紅茶の繊細な香りがレモンの鮮烈な香りにかき消され、渋みもレモンの酸味によってあまり好ましくないかたちで強調されてしまうのです。

レモンという果実のルーツは、アッサム地域やミャンマー、中国南部であると推定されています。なんと、茶の原産地と同じなのです。ヨーロッパにレモンがもたらされたのは2世紀以降の古代ローマといわれていますが、このころはヨーロッパで広く栽培されるには至らず、古代ペルシャなどアラブ地域で収穫されたものが時間をかけて地中海方面に運ばれたそうです。ヨーロッパの地中海沿岸地域でレモンの栽培が普及したのは、西暦1000年以降というのが通説です。

レモンティーの起源については、日本ではアメリカであるといわれることが多いようです。また、日本でレモンティーが普及したのは、サンキスト社が日本におけるレモンの販売促進として、紅茶にレモンを添えるスタイルをアピールしたためともいわれています。しかし、「紅茶＋レモン」という飲み方の正確なルーツはわかっていません。

　現在、レモンティーは世界で広くたしなまれています。日本ではレモンのスライスを添えるのが定番ですが、ポーランドやロシアなどの東ヨーロッパやイタリアではレモン果汁を加えるのが基本のようで、ポーランドに至っては同地でレモンティーのほうがミルクティーよりもポピュラーなことから、ミルクを加える飲み方を「バワルカ（バーバリアン式）」といったりするそうです。

　さて、レモンティーとして紅茶を楽しむときには、一般的な品質のセイロンなど、比較的さっぱりとした茶葉を使うのがよいです。あまり濃いめに抽出せず、それでいて紅茶の渋みで味に深みを出しながら、レモンの酸味と砂糖やハチミツの甘みでバランスをとるようなイメージで淹れるとよいでしょう。また、フレーバードティーであるアールグレイもレモンとの相性はよいです。

　セイロンやアールグレイはアイスティーに向く茶葉でもあるため、それらで淹れたアイスティーもレモンとよく合います。

　ちなみに、アールグレイにレモンピールを少量加えて一緒に抽出すると、紅茶の味わいは損なわず、レモンの香りを強調することができます。この方法は、レモン以外にもさまざまな柑橘のピールを使って楽しむことが可能です。また、レモンピールはとても鮮烈な香りをもつため、カップの縁にピールを絞ってレモンの香りをつけるという楽しみ方もあります。紅茶にレモンとミルクの両方を加えると、ミルクが分離して見た目があまり好ましくないのですが、レモンを紅茶に加えるのではなく、レモンピールでカップに香りをつける方法であれば、見た目を損なうことなく、レモン風味のミルクティーを楽しむことができます。

紅茶に甘みをプラスするには何を使うとよいですか？

紅茶に甘みをプラスする際、多くの人が最初に思い浮かぶのは砂糖でしょう。紅茶に砂糖を入れることについては、人によって好みもありますし、その是非を議論する人もいます。しかし、どんな砂糖を使うべきかについては、大方の意見が一致しています。その答えはグラニュー糖です。

なぜグラニュー糖がよいかというと、純度が高く、シンプルに甘みだけを加えることができるからです。独特の風味をもつ砂糖もありますが、そうしたタイプの砂糖は、料理などにはよいですが、紅茶の繊細な風味には好ましくありません。また、グラニュー糖は、粒子が細かく溶けやすいという特徴もあり、これらの観点から一般的にはグラニュー糖が推奨されているのです。ほかに和三盆糖なども紅茶に合います。最近では、紅茶向きの砂糖を販売している専門店もあるようです。

ミルクティーの場合は、基本的にストレートティーよりも茶液の風味が強いため、甘みの要素にバリエーションをつけやすくなります。そのため、紅茶専門のティーサロンではバリエーションメニューとして、グラニュー糖以外の砂糖を使うケースも少なくありません。

砂糖以外に、甘みをプラスする素材として比較的人気が高いのはジャムです。ジャムを加えた紅茶は、「ロシアンティー」あるいは「ジャムティー」と呼ばれています。ロシアンティーのつくり方は、カップにジャムを投入し、そこに紅茶を注ぐのが基本です。ジャムと紅茶の風味が馴染みにくい場合は、ジャムにブランデーやウォッカなどの洋酒を少量合わせ、アルコールの力でジャムの香りを引き立てるのがおすすめです。使う紅茶は、セイロンやニルギリなど、さっぱりとした風味のものがよいでしょう。ダージリンやアッサムなど個性の強い紅茶は、ジャムと馴染みにくいように思います。

なお、ロシアンティーとはいいますが、ロシアではカップにジャムを投入することはあまりせず、別添えにしてお茶請けとして楽しむほうが主流だといわれています。一般的にヨーロッパのジャムは、日本で流通しているものよりも果実の使用量が多いようで、日本でロシアンティーの飲み方があまり定着していないのは、ジャム自体が違うことも理由の一つなのかもしれません。ちなみに、米国でロシアンティーというと、紅茶にオレンジ果汁(あるいはオレンジピール)、シナモン、クローヴなどを加えたものを指すのだそうです。

これは英国でいう「クリスマスティー」に似ており、米国でもロシアンティーはクリスマス時期の飲みものとしてたしなまれているようです。

ジャムのほかには、ミルクティーにハチミツを加える「キャンブリックティー」という楽しみ方もあります。ハチミツは、ストレートティーに加えると水色が黒ずむのであまり推奨されませんが、ミルクティーなら気になりません。ミルクとハチミツは相性がよく、繊細な紅茶の風味を邪魔することもありません。

なお、キャンブリックティーは本来、ミルクに紅茶をほんの少したらした子ども向けのミルクティーを指すのですが、日本ではハチミツ入りのミルクティーの呼称として用いられる傾向にあります。ロシアンティーにしてもキャンブリックティーにしても、海外から入ってきたスタイルだと思いきや、どうやら日本でアレンジされ、日本独自の紅茶文化の一つとして定着しているようです。

Q
32

紅茶の風味を少しだけ変えるには、どんな方法がありますか？

紅茶の風味を少しだけ変えるテクニックの一つとして、塩やにがり、コショウなどを加えるという方法があります。

塩を加えるのは、塩のミネラル分によって水の硬度を上げるのがおもな狙いで、それによって紅茶の風味が少しまろやかになったり、水色が濃くなったりします。使う塩は、ミネラル分の豊富な岩塩などがよいでしょう。

にがりを使うのも水の硬度を上げるのがおもな狙いです。にがりの主成分はマグネシウムですが、この成分も水の硬度を上げる効果があります。紅茶の渋みを緩和し、まろやかさを出したいときに効果的な方法です。

コショウを加えるのは、とくにミルクティーとして楽しむ場合に有効な方法です。それにより、風味に深みが出ます。ダージリンのファーストフラッシュ（Q40参照）やクオリティシーズン（紅茶の旬の時期）のヌワラエリヤなど、繊細な風味の紅茶を用いて濃厚なミルクティーをつくりたいときには、コショウをわずかにプラスすると味わいがぐっと引き締まり、紅茶のもち味が引き立つことが多いです。

塩、にがり、コショウ、いずれをプラスする場合も、それらの風味は感じない程度の微量にとどめるのが基本です。それを超えてしまうと紅茶本来の風味が台なしになるので、注意してください。

TEA BREAK 1

英国式ティータイム

「英国式ティータイム」と聞いてどのような光景を思い浮かべるでしょうか？磁器のポットに入った紅茶、工夫を凝らしたフードがのった2段、3段のアフタヌーンティースタンド……そんなぜいたくなスタイルを思い浮かべるかもしれませんが、紅茶と、ジャム、クロテッドクリームを添えたスコーンというシンプルな組合せの「クリームティー」と呼ばれるスタイルも人気です。

クロテッドクリームとは、煮詰めた牛乳を長時間おいておき、表面に浮いた凝固したものを集めた濃厚なクリームのこと。酪農が盛んな英国南西部のデヴォン州やコーンウォール州の名産で、クリームティーはこれらの地域に行ったら楽しみたい定番イベントの一つです。地域の独特の光景である酪農地帯を眺めたり、あるいはこぢんまりとかわいらしい漁港に立ち寄りつつ、街中にあるティールームでクリームティーをいただく、そんな楽しみがあります。

ちなみに、デヴォン州ではクロテッドクリーム、ジャムの順番でスコーンにのせるのに対し、コーンウォール州ではジャム、クロテッドクリームの順番にのせるのだそうで、どちらが正しいかという決着のつかない論争があるのだとか。

日本ではスコーンやジャム、クロテッドクリームはかわいらしいサイズで登場することが多いように思いますが、デヴォン州やコーンウォール州のティールームにお邪魔すると、大きめのスコーンにジャムとクロテッドクリームがたっぷりと添えられて提供されます。シンプルな構成ですが、しっかりお腹にたまるのがクリームティーなのです。

Q 33

カップのデザインや材質で香りや味の感じ方は変わりますか？

変わります。まず知ってほしいのは、液面からカップの縁までの空気の層に、一部の香り成分が蓄積されるということです。空気より軽い香り成分は、液面から立ち上って空間中に広がりますが、空気より重い香り成分は液面の上にたまります。カップに口を近づけると甘い香りが漂ってくることがありますが、これは甘い香りの成分が空気より重く、液面の上にとどまっているためです。

この香りの感じ方が、カップの形状によって変わるのです。一般的にカップの形状には、チューリップのように上に向かって緩やかに開く形、朝顔のように横に開いた形、マグカップのような円筒形などがありますが、香りをより繊細に感じられるのは朝顔のように開いた形であるといえます。一方、チューリップのような形や円筒形のカップの場合は、香りが少しこもって感じられます。また、当然ながら、開口部が広い(液面が広くなる)ほど香りは立ちます。紅茶用のカップの多くが、ほかの飲みもののカップよりも平たく、液面が広くなるようなデザインなのはそのためです。

味の感じ方に大きく影響するのは、カップの口がふれる部分のデザインです。一つは、厚み。薄くつくられているカップほど飲みものの味わいは鮮明に感じられ、厚いカップほど鈍く感じられます。繊細な味わいを楽しみたいワインや日本酒の冷酒では薄手のものが好まれる傾向にあり、紅茶の場合もそれと同様です。逆に、コーヒーでは厚みのある和陶のカップも好まれますが、それはコーヒーの苦みがカップの厚みによって緩和されるからだと考えられます。

もう一つは、角度です。口に水平にあたるようなデザインだとカップの厚みを感じにくくなり、味も香りも鮮明に感じられます。紅茶用や烏龍茶用のカップの多くが、朝顔のように開いた形をしているのは、この効果を意識してのことです。

カップの材質は、陶器、磁器、耐熱ガラスが一般的です。耐熱ガラスだと薄くつくることができるものの、朝顔形のデザインに仕上げるのは難しいようで、チューリップ形にデザインされるケースが多いです。陶器は細かな成形が可能でさまざまなデザインに対応できますが、強度の面から厚手になりがちで、まろやかさを強調したい場合やミルクティーなどには向いているといえます。磁器は細かな成形が可能で、なおかつ陶器よりも薄手につくることができるため、紅茶の繊細な味わいを楽しむにはもっとも適しています。

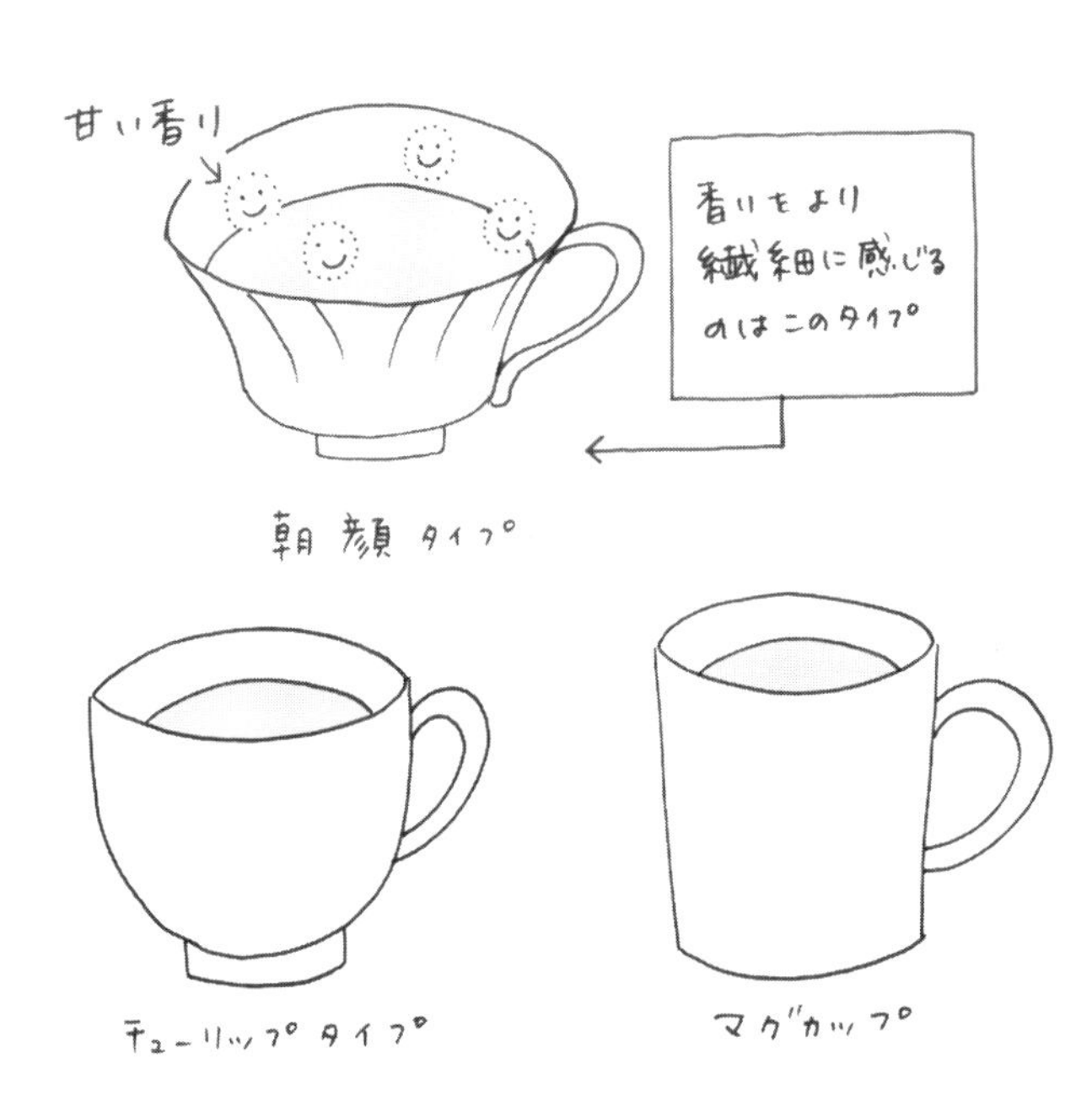

Q 34

ティーポットはどんな形、材質がよいですか？

まず、ティーポットの形についてです。ここでカギになるのは渋みです。紅茶の渋み成分は比重が大きく、水よりも重いため、茶液の下方に沈む傾向にあります。縦長のポットで抽出すると、底に沈んだ渋み成分と湯の中をただよう茶葉との間に距離ができるため、茶葉の周囲の浸透圧に大きな変化はなく、さらなる抽出が促進されます。一方、横に広い形のポットの場合、沈殿した渋み成分と茶葉との距離は比較的近いため、渋み成分の影響で茶葉の周囲の浸透圧は高くなり、抽出は徐々に緩やかになります。そのため、ほかの成分に比べて渋みが少ないまろやかな茶液を抽出するには、縦長のポットよりも球形や扁平のポットのほうが望ましいということになります。

次に材質です。ティーポットの材質でポピュラーなのは、陶器、磁器、ガラス、金属などです。一般的に金属のポットは、手入れが難しく、においがつきやすいという難点があります。熱くなりやすい反面、冷めやすいのも特徴です。かつての英国などでは銀製のティーセットは富の象徴でしたが、紅茶を淹れる機能という点ではネガティブな側面もあるのです。

一方、ガラス、陶器、磁器のポットはおおむね紅茶の抽出に向いているといえます。ガラスは磁器と同程度の保温性がありますが、磁器よりも薄手につくることができ、薄手であれば当然、そのぶん冷めやすくなります。ガラス特有のメリットは、中が見えることです。茶葉の状態を確認しながら抽出したい人、たゆたう茶葉を見て楽しみたい人には向いています。ガラスのポットで注意すべきは注ぎ方です。一般的にガラスのポットは、注ぎ口がすっきりとした形で、表面もなめらかで

あることが起因して、あっさりとした味になる傾向があります。味に深みを出したい場合は、ゆっくりと注ぐことを意識するとよいです。

　磁器のポットはガラスのポットよりも厚手につくられることが多く、厚手であるぶん保温性は高いといえます。注ぎ口が繊細なデザインのものも多く、またガラスよりも摩擦が強い素材のため、ある程度、味に厚みや深みのある茶液になります。したがって、磁器のポットはおおむね使い勝手がよいといえます。

　陶器のポットは、内側に釉薬（ゆうやく）が使われていれば、機能性は磁器のポットとほぼ同じです。ただし、釉薬が使われていない焼き締めのものの場合、土の練り方や焼成温度によってだいぶ機能性は変わります。烏龍茶の茶芸の世界では、こうした茶器の特性を積極的に生かして茶を淹れます。紅茶ではそのようなポットは少なく、これからに期待したいところです。

Q35 茶葉が劣化する原因と適切な保存方法について教えてください。

紅茶は緑茶と比べて発酵度が高く、比較的風味が安定しているため保存しやすいのですが、それでも時間経過とともに、酸素、水分（湿気）、光（とくに紫外線）、高温、においなどによる影響で、風味は緩やかに劣化していきます。

紅茶の茶葉は酸素にふれると、徐々に酸化します。すると、おおむね味わいに深みがなくなり、徐々にフラットな風味へと変化していきます。製茶の乾燥の工程で、酸化酵素を殺青（さっせい）（Q68参照）していますが、製品化されてからも緩やかながら酸化は自然と起こるのです。

水分（湿気）も紅茶の天敵です。湿気の影響で茶葉の含水率が上がると、さまざまな化学変化が促進され、それが風味の変化につながります。紅茶は製茶の乾燥の工程で、おおむね含水率5％以下まで乾かされますが、保存方法などの問題で含水率が上がると、味わいにキレがなくなり、ぼんやりとした風味になります。市販のアルミ袋やアルミ蒸着袋の性能はだいぶ向上していますが、それでも茶葉を封入してから1年が経過すると、未開封でも含水率は上がります。

光（とくに紫外線）や高温も、茶葉に含まれる成分の酸化や分解を促します。日光のあたるような場所や、高温になる場所を避けたほうがよいのはそのためです。茶葉を透明な容器に入れて販売しているのをよく見かけますが、保存性の観点からはよい販売方法とはいえません。また、においが強いもののそばに茶葉を置いておくと、そのにおいが移って茶葉本来の風味を損ねる恐れがあります。食品のみならず、茶葉を入れる容器など、保存する道具や場所が有するにおいにも注意が必要です。

最良の保存方法は、保存容器に窒素を充填して酸素のない状態にし、密閉して低温の場所に置くことです。日本の茶の生産者は、緑茶の品質保持のためにマイナス18℃以下で保存できる冷凍庫を有していることがあり、紅茶も同様の設備で保存するケースがあります。とはいえ、家庭などでは、そうした設備や道具をととのえることはなかなかできません。実践しやすく、おすすめなのは、ジッパー付きのアルミ袋など密閉性と遮光性の高い袋に茶葉を入れて、できるだけ空気を抜いて密閉し、温度変化の少ない常温の暗い場所に置く方法です。この場合、冷蔵庫や冷凍庫の利用は、茶葉が庫内のにおいを吸ってしまったり、温度変化によって結露が生じたりというリスクがあるため、避けるべきです。もし、未開封の茶葉を冷蔵庫または冷凍庫で保存している場合は、一度常温に戻してから開封するとよいでしょう。なお、袋内に窒素を充填できる環境にある場合、窒素を充填したうえでの冷蔵または冷凍保存は有効です。

保存に缶を使う場合は、側面に継ぎ目がない缶、あるいは継ぎ目がきちんと溶接されている缶を選びましょう。海外ブランドの紅茶には、溶接されていない缶に入ったものも多いのですが、こうした缶はあまり長期保存には向きません。実際、並行輸入の缶入りのリーフティーなどは、購入時にすでに茶葉の鮮度が損なわれているケースも少なくありません。こう考えると、適切な鮮度管理をしている店で購入することも大事なポイントといえます。もっとも、茶葉は鮮度の高いうちに使いきるのが理想であり、熟成が見込まれる一部の茶葉を除いては、長期保存をしないに越したことはありません。

Q 36

シングルオリジンティーを買うときのポイントを教えてください。

おいしい紅茶をどのようにして手に入れるかは、すべての紅茶ファンにとっての大きな関心事だと思います。実際のところ、紅茶は音楽でいう「ジャケ買い」に近い買い方をするケースも多く、飲んでみるまでその紅茶が自分の好みに合うかどうかはわかりません。ブレンドやフレーバードティーであれば一定の風味であることがある程度保証されますが、シングルオリジンティーについては、同じつくり手の紅茶でさえ、ロットによって風味が大きく違うこともよくあります。

自分の好みに合う紅茶を手に入れるためのもっともよい方法は、試飲をしてみることです。販売店によっては、消費者の購入したい紅茶を、実際に淹れて飲ませてくれます。もし時間があり、そうした販売店で選ぶことができるのであれば、それがもっとも間違いのない方法です。

また、試飲はできなくても、茶葉を見せてくれたり、その香りを確かめさせてくれたりする店もあります。ダージリンは茶葉から風味を想像するのは難しいのですが、セイロンやニルギリ、アッサムなどはある程度の手がかりを得ることができます。鮮度の高い紅茶は、甘い香りや涼やかな香りを漂わせているものです。

産地や収穫時期、生産者、品種、インボイスナンバー（Q79参照）などの情報は、好みの紅茶を探すうえで大切な情報になります。また、それらの情報が明記されていれば、その紅茶のトレーサビリティが確保されていると推測できますし、産地から直接買い付けていると期待できます。その紅茶が消費者の手元に届くまでの流通経路については、短いに越したことはありません。つくり手から直接買い付けているのか、間に何社も通しているのかは、消費者には判断が難しいのですが、現地から直接買い付けているほうが安心できるのは確かです。

紅茶の風味は鮮度や保存状態に大きく依存します。そのため、おいしい紅茶を手に入れるには、販売店の鮮度管理のあり方についても確認が必要です。販売している茶葉を光や酸素に直接さらされる場所で保管していたり、個包装しているけれど密封されていない容器に入っていたりするケースは、あまり鮮度が期待できないといえます。缶入りの紅茶でも、缶の側面に継ぎ目があり、そこが溶接されていなければ、保存容器としては不適切です。中でアルミ袋に入っていればよいのですが、そうでなければ鮮度は期待できません。

パッケージのラベルにある情報は要チェック!!

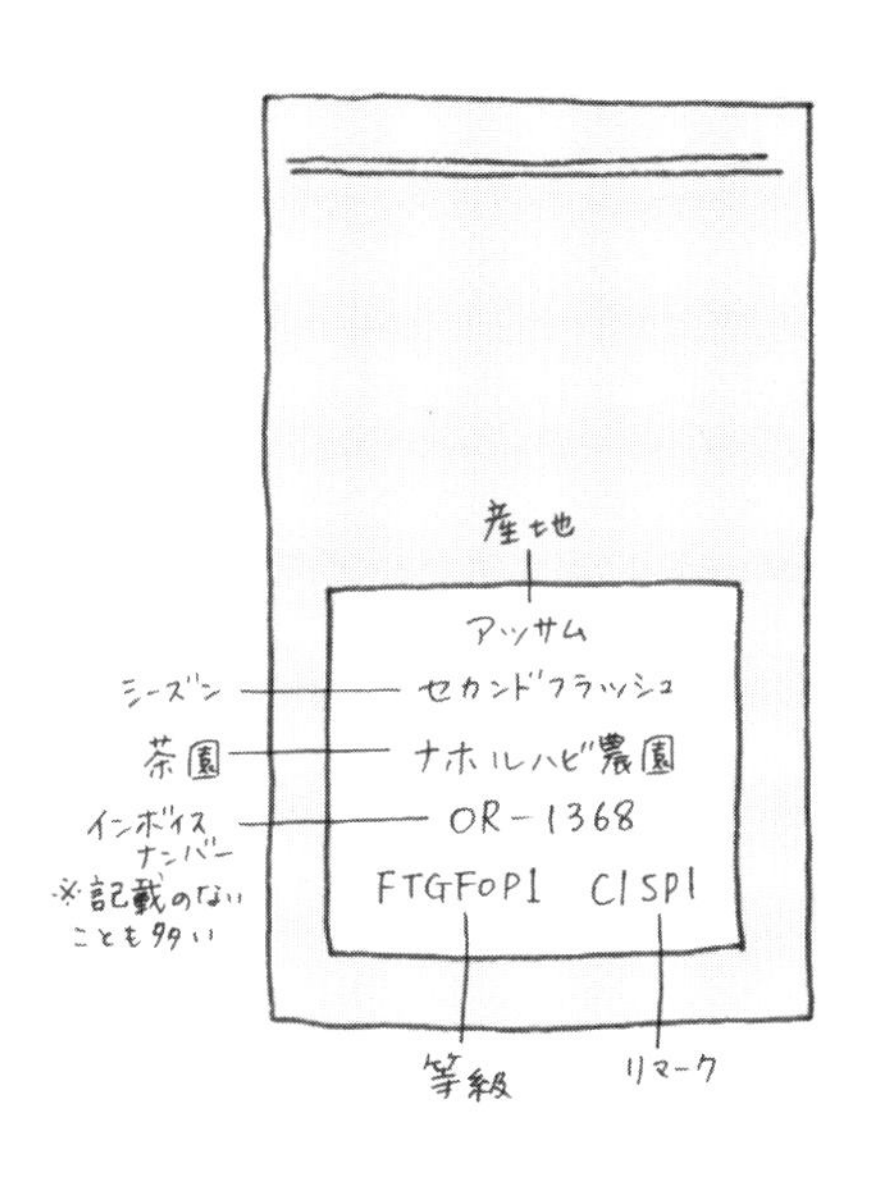

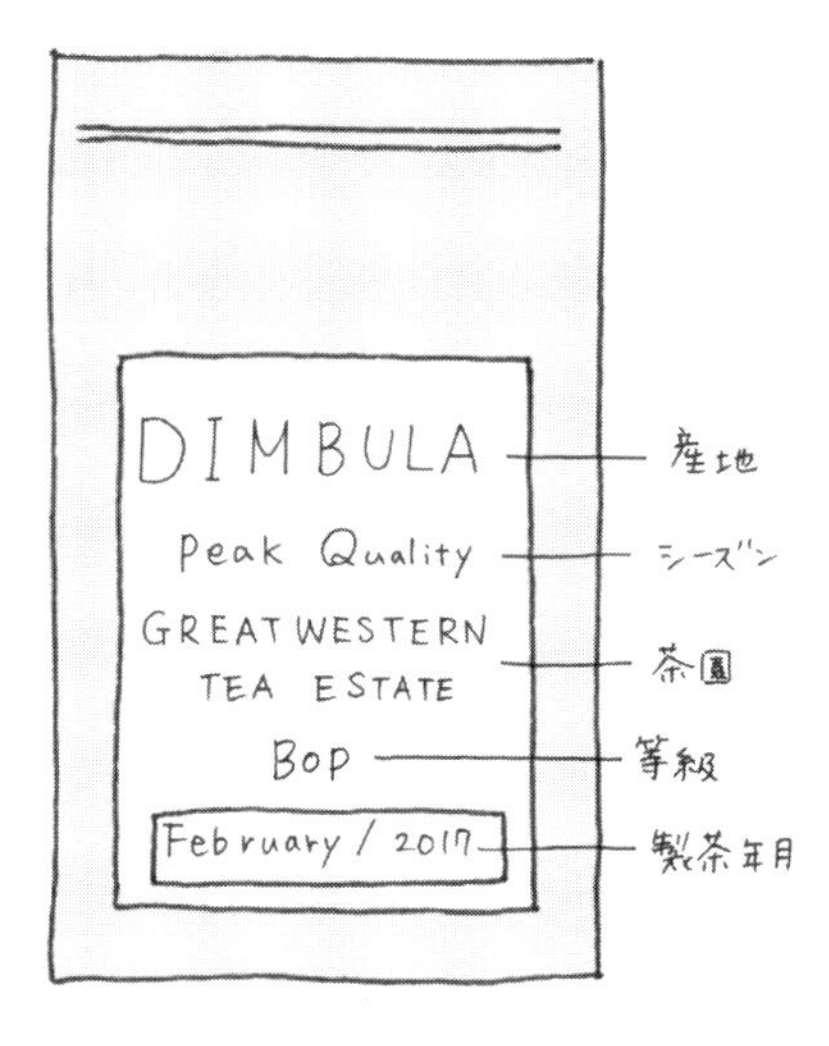

インターネット上で茶葉を購入するケースもあると思います。その場合は、「テイスティングノート」などのかたちで個々の商品の風味に関する情報がきちんと整備されているネット販売店を選びましょう。買い付けの方針などに関する情報もホームページなどに上がっていれば、それも参考になると思います。

はじめのうちは、気の向くままにさまざまな紅茶を経験してみるのがおすすめです。すると、自然と、楽しみながら自分の好みを把握することができるようになります。そうなれば、生産者、品種、収穫時期を頼りにして、風味についての大まかなイメージをもつことができます。もちろん、同じ生産者でも、作柄によって期待したとおりの風味の紅茶ができない年もありますが、信頼のおける販売店であれば、そのつくり手ならではの個性がある程度表現されている紅茶をセレクトして、仕入れているはずです。

PART 3

紅茶の産地を知る

Q 37

世界の主要な紅茶の産地を教えてください。

2015年に全世界で生産された茶は約530万トンで、そのうちの大半が紅茶だといわれています。紅茶の生産量の多い国トップ3は、インド、ケニア、スリランカといわれており、紅茶以外も含めた茶の生産量はそれぞれ、約120万トン、約40万トン、約33万トン。面白いことに輸出量を見ると、紅茶生産量トップのインドは約23万トン（世界の全輸出量の約13％）で、ケニア、中国、スリランカに次いで4位。インドは国内消費も多い国なのです。

生産国としては、マラウイ、南アフリカ、ルワンダ、タンザニアなどアフリカ諸国も紅茶界の一大勢力で、アルゼンチン、ペルー、コロンビアといった巨大な欧米市場の間近にある南米諸国、さらに意外なところではオーストラリア、ニュージランド、米国・ハワイなどにおける紅茶の生産も報告されています。

高度経済成長期以降の長い眠りから覚め、近年紅茶づくりに取り組む生産者が増えた日本も、世界からすれば「意外な紅茶の産地」です。近年、驚くほど風味のよい国産紅茶が見られるようになりましたが、世界はまだそのことに気づかず、「日本は緑茶の国」と思っている様子。世界をあっと驚かせるときが早く来ないかと待ち遠しいです。

紅茶文化と関係の深い英国はもともと植民地下の国々で紅茶を生産してきましたが、20世紀末頃よりグレートブリテン島でも小規模ながら事業としての茶栽培が見られるようになりました。

TEA BREAK 2

インドの茶園のティータイム

インドやスリランカの茶園の人々はホスピタリティーの精神に満ちあふれています。茶園を訪れると、何はともあれティータイムがスタート。マネジャー宅（茶園の中にあるのがつね）の広い庭でテーブルや椅子を出してティータイムといったことも多く、客人にとっては、ここだけでしかできない体験、最高のおもてなしでしょう。紅茶は最近つくられたものが出てくるケースが多く、フレッシュな風味を楽しめます。

興味深いのは、一般的にティーフードとして考えられているようなスイーツやサンドイッチのほか、ややヘビーな揚げものやスパイシースナックも紅茶とともに頻繁に登場することです。ダージリンのとある茶園では、ファーストフラッシュ（Q40参照）とともに、唐揚げ、サモサ（インドの揚げ餃子）、スパイシーな自家製フライドポテト、スパイシースナックがふるまわれました。これらと繊細なファーストフラッシュは合うのか？　と思いきや、意外にもマッチして驚き。清涼感のある紅茶の風味が揚げものの油をきり、口の中をさっぱりとさせてくれますし、スパイスの風味に紅茶の香りが負けないのは、さすがダージリンというべきでしょう。

19世紀末に出版されたアッサムの茶園主（英国人）の手記には、面識がなくても訪問者には食事をふるまい、泊まるとなればなるだけ快適に過ごせるよう尽力するという歓迎ぶりが書かれており、また茶園の前を通る者は、何の縁がなくても茶園に立ち寄って挨拶するのがエチケットだと記されています。今日につながるホスピタリティーの精神は、ごく初期から茶園に存在していたものなのです。英国テイストが薫るような古きよき伝統、いつまでも残っていてほしいものです。

Q 38

地理的表示とは何ですか？

一昔前まで、世界でのダージリンティーの消費量は、ダージリンの紅茶の生産量に対して10倍にもおよぶといわれていました。ダージリンティーとは、ヒマラヤ山地のダージリン地方に立地する87ある茶園が産する紅茶のみを指すのですが、その国際的な評価が高いために、流通の過程で隣接するネパールなどの地域の紅茶が、いつの間にかダージリンと称されて取り扱われるような事態が横行していたのです。

このような行為は、生産者と消費者の両方にとって不利益を与えるものです。しかし、パッケージにダージリンと表示されていながら中身が違う紅茶を自力で判別する術を消費者はもっていませんし、生産者の自助努力でこうした動きを排除することもできません。

こうした背景から、1986年からインド政府主導で、純正のダージリンティーはそのことを表すロゴマークの表示（地理的表示）を行い、模倣品と差別化を図るようになりました。

さらに、1995年にはWTO（世界貿易機関）でTRIPS協定（知的所有権の貿易関連の側面に関する協定）が締結され、地理的表示の保護が国際的に求められるようになると、もっとも保護の必要性の高かったダージリンのみならず、徐々に多くの産地で地理的表示が整備されるようになりました。

現在では、インドやスリランカの多くの産地が地理的表示によって保護されるようになり、不正な製品の排除はだいぶ進んでいます。ただし、地理的表示自体は強制力があるわけではなく、その産地の純正の紅茶であっても、流通の過程で地理的表示をせずに包装されることも多くあります。

また、かつては「ダージリン・ブレンド」のような表記は、ダージリンとそれ以外の紅茶のブレンドであることを示しているケースもしばしばありましたが、近年ではインドのティーボード（政府紅茶局）などの尽力により、そうしたケースはだいぶ少なくなってきています。

＊イラストはイメージです。実物とは異なります。

Q
39

ダージリンはどんな産地ですか？

「紅茶界のシャンパン」とも称されるダージリンティーはとても有名な紅茶のため、広大な土地でつくられていると思われがちですが、実際には北東インド・西ベンガル州にあるたいへん小規模な産地です。北緯26度27分〜27度13分、東経87度59分〜88度53分の間にある約31万4900haのダージリン地区に、87の茶園があります。作付面積は約1万7800haで、日本の利尻島が約1万8200haですから、世界一有名な紅茶が意外にも小さなエリアでつくられていることに驚かされます。当然ながら紅茶を含む茶全体の生産量も少なく、年間生産量は約6900トン（2022年）で、全インドの年間生産量約137万トンの1％にも満たない量なのです。

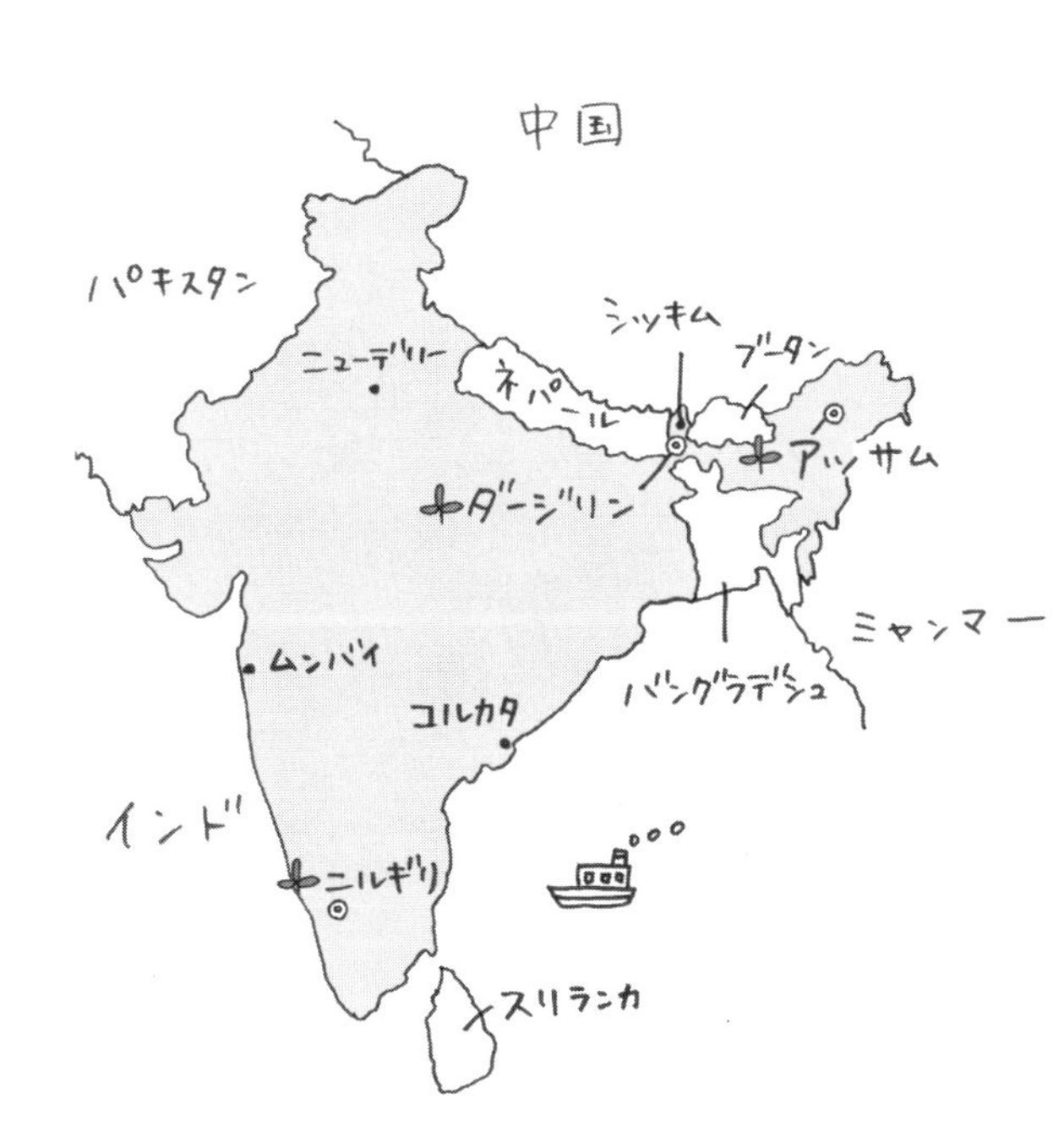

しかし、不思議なことに、世界には実際につくられている以上のダージリンティーが流通しているといわれています。

ダージリンの最大の特徴は、標高の高いヒマラヤ山麓の産地であるということ。標高500m前後～2000mの、おもにローム質の土壌に広がります。

標高の低いエリアでは暑さに耐性のあるアッサム種系の茶樹が植えられ、標高が高くになるにつれて寒さに耐性のある中国種系の茶樹が多くなります。茶樹は交配が進みやすく、系統間での交雑も多く見られ、そのうちアッサム種の傾向が強いものを「アッサムハイブリッド」、中国種の傾向が強いものを「チャイナハイブリッド」と呼びます。クローンも使用されており、多くの場合、クローンからつくられる紅茶には「CL」や「Clonal」というマークがつきます。

気候は一般的に冷涼ですが、昼夜の寒暖差が大きく、季節によっては、日中は半袖で充分な時期もあります。晴れては霧がかかり、日がさしては小雨が降るきまぐれな山の天気は、「香りの紅茶」ダージリンをつくるうえで欠かせないものとされています。このことを受けて、標高が高ければ高いほどよい紅茶ができるといわれることもありますが、実際には、良質な茶樹が育まれる茶畑はかならずしも標高が高い場所にあるわけではなく、標高に合った品種の茶樹を植え、環境や茶樹の特性を熟知した紅茶づくりができるかどうかが大切だといえるでしょう。

また、ダージリンでは、アッサム種系の茶樹からつくられる紅茶は中国種系の茶樹からつくられる紅茶に品質で劣る、と思われがちですが、たとえば春に真っ先に芽吹くアッサム種系の茶樹からつくられた紅茶は、じつに趣き深い味わいです。こうした紅茶はもっと評価されてもよいのではないかと思います。

さて、地図を見ると、ダージリンはネパールやブータンの国境と接し、すぐ北にはインドで2番目に小さな州シッキムがあることがわかります。歴史的にダージリンは、これらの国（シッキムは1970年代まで独立した国でした）と、英国（東インド会社）領だったインドの影響を受けてきました。

ダージリンが現在のような姿になったのは、1835年、東インド会社が療養所や避暑地の開発を目的の一つとして、ダージリンをシッキムから譲り受けたことに端を発します。茶栽培の可能性に興味をもち、ダージリンの自宅の庭に実験的にチャノキを植えたことでも知られるキャンベル博士の統治のもと、ダージリン地区は整備されて経済的にも発展し、ネパール、シッキム、ブータンから大量の人々が流入したのです。1839年に100人ほどだった人口はわずか10年で100倍に増えたといわれ、これらの人々は同地の茶産業を支える労働力になりました。

現在も茶園で働く人々の顔ぶれは多様で、言語もヒンディー語、ベンガル語、ネパール語、英語と多岐にわたります。これらの事実は、ダージリンが周辺地域との人の行き来が盛んであることの証といえるでしょう。

Q40 ダージリンのファーストフラッシュ、セカンドフラッシュとは何ですか？

ダージリンでは季節の遷移とともに、紅茶は1年に3回のクオリティシーズン（紅茶の旬の時期）を迎え、それぞれのシーズンを「ファーストフラッシュ」「セカンドフラッシュ」「オータムナル」と呼びます。いずれのクオリティシーズンも丁寧な「一芯二葉摘み」が心がけられており、それぞれに特徴的な紅茶が生産されます。どのシーズンのダージリンが自分の好みかを探ってみるのも、ダージリンティーの楽しみの一つです。

❶ ファーストフラッシュ（3月～4月ごろ）

3月はじめごろから気温の高まりと春の雨に呼び起こされるかのように、茶樹は芽吹きはじめます。この春先に芽吹いた茶葉を摘んでつくられるのがファーストフラッシュです。

この時期になると、標高の低い地域から摘採（てきさい）（Q64参照）がはじまり、徐々に標高の高いところへと向かっていきます。日あたりがよい場所に根を力強く張った、健康な茶樹から順に冬の眠りから目覚めるため、この時期の芽吹くタイミングは不ぞろいです。そのため、おおむね3～4日に一度のサイクルで、同じ区画から茶摘みをします。どれだけ早くファーストフラッシュを市場に出すことができるかが取引価格に大きく影響するため、この時期の茶園の人々は時間との勝負をしているかのようです。

ファーストフラッシュは、概して水色（茶液の色）は淡く、黄色寄りの色合い。「紅い」はずの紅茶のイメージからはずいぶんとかけ離れています。春にふさわしい、緑がかった清涼な香りの紅茶が多くつくられます。

❷ セカンドフラッシュ（5月〜6月ごろ）

ファーストフラッシュのあと、「バンジー」と呼ばれる茶樹に新芽ができない時期を経て、5月ごろから再び新芽が芽吹きはじめます。この時期が2番目のクオリティシーズン、セカンドフラッシュです。バンジーのあと、一度軽く剪定（Q74参照）をする茶園も多く、この場合、ファーストフラッシュとは異なり、いっせいにそろって芽吹きます。そのため、茶摘みのサイクルを5日に一度程度に変更する茶園も多くなります。

5月に入るとダージリンは徐々に雨の多い季節に移行し、紅茶のクオリティは日照時間、気温、雨量との微妙な関係の中で決まってきます。

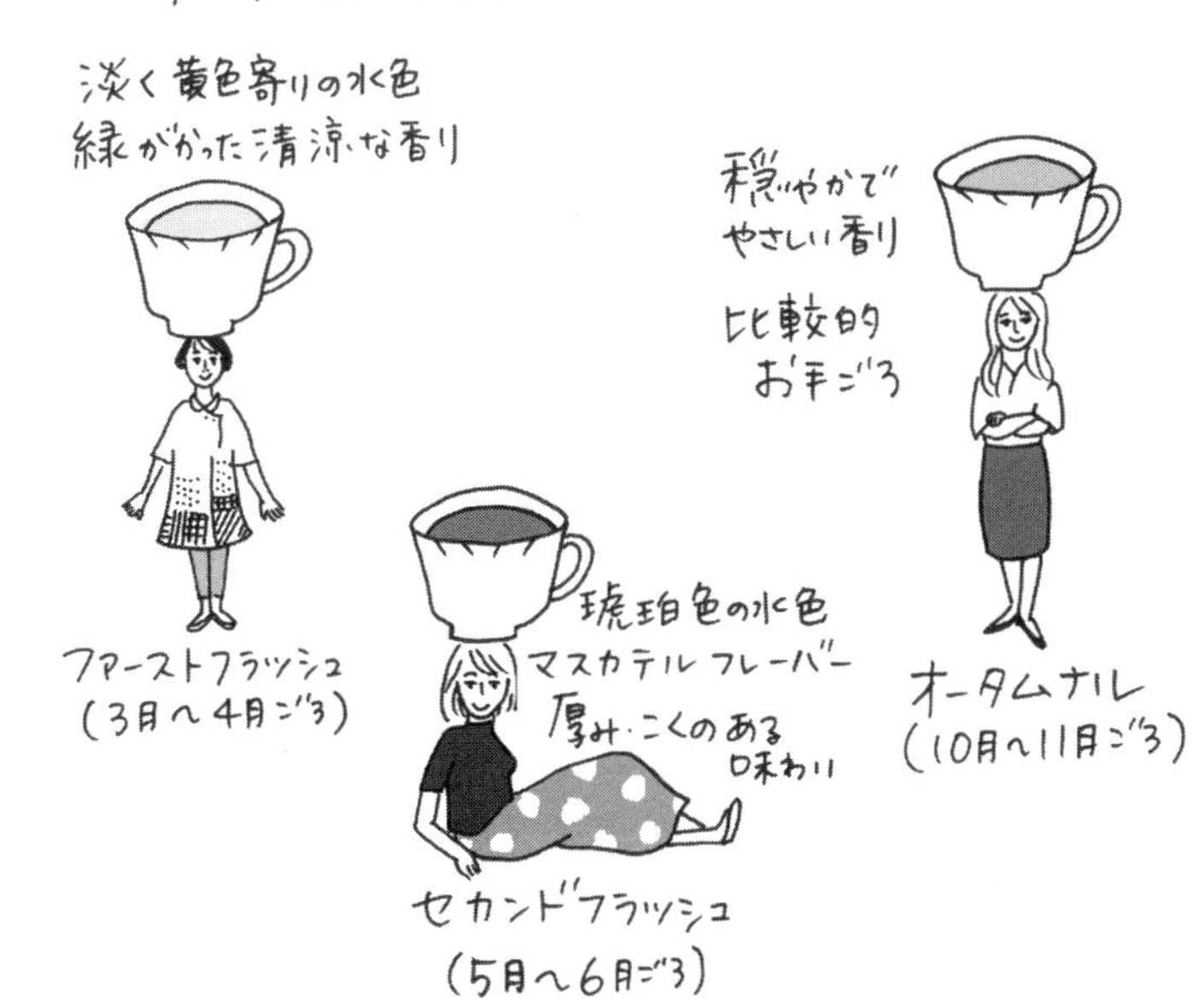

セカンドフラッシュは、ファーストフラッシュとは打って変わって、水色は琥珀色になり、味わいに厚みとコクが加わり、香りは熟した果実や芳醇な花を思わせます。

また、「ウンカ（Green Fly）」（Q75参照）などが吸汁した茶葉を摘んで適切に加工すると、香ばしさの中に独特なフルーティーさを感じさせる「マスカテルフレーバー」あるいは「マスカットフレーバー」と呼ばれる香りをもつ紅茶ができます。これもセカンドフラッシュならではの特徴です。

❸ オータムナル（10月〜11月ごろ）

セカンドフラッシュのあとにはモンスーンが到来します。2ヵ月以上にわたってたくさんの雨が降りますが、9月末には雨量も減り、10月〜11月ごろまでの間、1年で3番目にして最後のクオリティシーズン、オータムナルの時期を迎えます。ファーストフラッシュとは逆に、標高の高いところから茶摘みがはじまり、標高の低いところへと向かいます。

セカンドフラッシュをよりやわらかくしたような、穏やかでやさしい香りの紅茶が多く、価格も三つのクオリティシーズンの中では比較的お手ごろです。ダージリンファンにとっては狙い目のシーズンともいえます。

ダージリンに限らずインドでは10月以降に「ダシャラ」「ディワリ」と呼ばれる大きな祭りが行われるのですが、祭りの日程は太陰暦にしたがって決まるため、毎年異なります。オータムナルの時期にちょうど重なることもあり、茶摘みのシーズンなのに茶園が祝日モードになることもあるのがオータムナルの難しさです。

TEA BREAK 3

ダージリン・ヒマラヤ鉄道

インド・ダージリンの観光ガイドにかならずといっていいほど載っているのが、「ダージリン・ヒマラヤ鉄道」です。タミルナードゥ州のニルギリ山岳鉄道、ハリヤーナー州のカルカ＝シムラー鉄道とともに、インドの「山岳鉄道群」として世界遺産に登録されています。

ダージリン・ヒマラヤ鉄道は、山岳地帯にあるダージリン駅と麓のシリグリ市にあるニュージャルパイグリ駅をつないでいます。観光客にとくに人気なのは、インド一標高が高い駅のグーム駅（標高2257m）とダージリン駅（標高2076m）を結ぶコースでしょう。のんびりと進む汽車、雄大なヒマラヤの光景が広がっていたかと思えば、今度は仏教寺院の前を通り、ときには驚くほどに民家の間近を横切ります。玄関前に座り、長く艶やかな黒髪を梳り（くしけず）ながらこちらをジッと眺める住人女性と目が合ってドキッ、なんてこともこの鉄道ならではの体験です。

この鉄道は、大英帝国の統治下にあった1879年から建設がはじまり、1881年7月に麓のシリグリからダージリンまでの路線が開通しました。建設された理由は、人々の食料や茶産業などを支えるための大量の物資を運び込んだり、生産された紅茶などを運

び出したりする必要があったためです。産地としてまだまだ発展途上だった時代にあって、開通初年度は380トンの貨物と約8000人を運んだといわれています。

かつて4代にわたってマカイバリ茶園を経営し、経営から離れた今も同茶園を見守り続けているラジャ・バナジーさんはこう語ります。「鉄道のおかげで人やものの大量輸送が可能になりました。それまではおもに荷車や人力に頼っていたんですよ。ダージリンに優れた寄宿学校が多いのも、この鉄道のおかげではないでしょうか。紅茶を茶園の倉庫（貯蔵所）から駅へと運び、鉄道に乗せる一連の作業はじつにシステマティックで、速やかでスムーズなものでした。子どものころ、鉄道に積み込まれる茶葉を見て『僕も一緒に乗っていい？』と母に聞いたことを思い出します」。

ダイナミックな輸送をもってダージリンの発展に大いに寄与したダージリン・ヒマラヤ鉄道ですが、やがて経済的意義から物資の輸送の役割はバスなどの大型車に取って代わられ、貨物輸送サービスは1993年に終了。現在、大量の紅茶を運ぶ際はバスやトラックを使うのが主流になっています。

ちなみに、サンプルのような少量の紅茶を一刻も早く紅茶の都コルカタ（旧カルカッタ）に届けたい、というときは宅配便を使うそうです。24～48時間以内に届くといいますから、日本の宅配便に負けないような早さです。さらにそこから国際宅配便で世界中のバイヤーに紅茶のサンプルが届けられます。たとえば、コルカタを出発したサンプルはだいたい3～4日で東京に到着するのですから、まったく便利な世の中になったものです。

Q
41

アッサムはどんな産地ですか？

アルナチャルプラデシュ州、アッサム州、メガラヤ州、ナガランド州、マニプル州、ミゾラム州、トリプラ州の7州は、いずれもインドの北東に位置し、「セブンシスターズ（7姉妹）」と呼ばれています。インドの奥座敷のようなこの7州のうち、アッサム州でつくられているのがアッサムティーです。アッサムの紅茶の年間生産量は約69万トン（2022年）。インドの年間生産量約137万トンの約50%を占めるのですから、まさにインドを代表する紅茶産地といえます。

アッサム州はT字形をしており、T字の横棒・右側にあたる東エリアがおもなお茶どころです。山間部にあるダージリンとは対照的に、アッサムは平原の産地です。代表的な生産地区のディブルガルの気候を見ると、1年のうち4ヵ月は平均最高気温が30℃を超え、その前後の月も30℃に近い数値を記録します。また、雨量は月によっては400〜500mmに達するという高温・多雨型。大量の雨はしばしば大洪水へとつながり、6〜7月はほぼ毎年、洪水のニュースを耳にします。と

アッサムのプラッカーの様子

きには茶樹が冠水してしまうほどの大洪水に見舞われますが、それでも茶樹の多くは生き長らえ、チャノキの生命力の強さに感心させられます。

そんなアッサムの作付面積は30万haともいわれ、インドのティーボード(政府紅茶局)によると、敷地面積が10・12ha以上の茶園だけでも767あります。大規模茶園に行けば見わたす限り茶畑が広がり、まるで緑の絨毯のようです。中高木「シェードツリー(庇陰樹)」(Q42参照)の存在が、茶園の風景にアクセントを添えています。

同じインドの茶産地でも、ダージリンやニルギリでは、プラッカー(茶摘みをする人)はたたんだ布などを頭に乗せてその上から茶摘み用のカゴの紐を掛けますが、アッサムでは布などを団子のように丸めて頭に乗せ、その上から茶摘み用のカゴの紐を掛ける様子をよく見かけます。プラッカーが摘み取る茶葉にも違いがあり、ダージリンと比較すると全般的に大ぶりで、それはアッサムが大きな葉をつけるアッサム種の自生地であったことに由来するものです。

アッサムでの茶産業は1830年代末〜1840年代初頭に本格化しますが、経営が安定し、発展するのは1850年代に入ってから。「インド茶産業の父」とも呼ばれるジョージ・ウィリアムソンが、それまでの中国種への執着を捨て、この地に自生し、環境適正のあったアッサム種を増やして使用しはじめたことが転機の一つとなったといわれています。

自然豊かなアッサムはめずらしい生物も生息しており、絶滅危惧種に指定されているインドサイの数少ない生息地の一つでもあります。インドのティーボードは、この一角犀をアッサムティーの地理的表示のロゴマークに採用しています。草食性大型動物のイメージは、力強くも包容力のあるアッサムティーの香りや味にぴったりではないでしょうか。

Q 42

シェードツリーとは何ですか?

アッサムの大型茶園では茶畑の中に中高木が規則的に植えられ、茶樹に陰を落としている様子が見られます。この中高木は「シェードツリー(庇陰樹)」と呼ばれ、意図的に植えられたものです。

アッサム茶産業の黎明期、茶園をつくるためにジャングルを切り開いた際、切り残した樹のもとで茶樹が好ましい生育を示したことがシェードツリーの発端といわれ、19世紀末からシェードツリーに関するさまざまな観察や実験が行われてきました。今では、窒素固定、過剰な光と暑さを遮ることによる効率的な光合成、土壌の酸欠防止のほか、土壌の保水力アップ、落ち葉などの緑肥化といった効果も期待できる施策と考えられており、害虫であるハダニに対しても有効だとする報告もある一方、餅病、黒葉腐病には逆効果として敬遠する産地もあるようです。

シェードツリーは、主要な生産時期の大部分が気温30℃を超える北東インド(おもにアッサムとドアーズ)で積極的に採用されており、ときにアッサム特有の光景といわれることもありますが、実際には南インドやスリランカでもよく見かけます。シェードツリーの種類は、各産地がめざす生物環境によって異なり、アッサムではマメ科ネムノキの仲間が好まれますが、ニルギリでよく見かけるのは涼しげな姿のヤマモガシ科シルキーオークです。茶園によってはシェードツリーにコショウの蔓が巻きついており、コショウの実も収穫できるというのですから、まさに一石二鳥です。

Q43 アッサムではどんな紅茶をつくっていますか？

赤みを帯びた茶色の水色、「モルティー」と表現される香り、牛乳にも負けない力強い味わいとコク。これがアッサムティーのおもなイメージであり、インドでもっとも紅茶らしい紅茶といえます。ここでは、アッサムティーについて三つの視点から説明します。

1年の中で四つのシーズン、三つの旬があります

❶ ファーストフラッシュ（3月〜4月ごろ）

アッサムの最初の旬。3月ごろから芽吹く新芽でつくられます。繊細な香りとセカンドフラッシュよりやわらかな味わいを楽しむことができます。つくり手と売り手の双方において、ダージリンのファーストフラッシュほどはマーケティングがなされていませんが、今後、より注目される可能性があります。

❷ セカンドフラッシュ（5月〜6月ごろ）

アッサムの2番目の旬。5月〜6月ごろに芽吹いた新芽でつくられます。冒頭で説明した「アッサムらしさ」がよく表れ、上質なアッサムを求める世界の紅茶ファンにもっとも注目される時期です。ゴールデンティップ（芯芽・Q82参照）を豊富に含む、見た目にも美しい「Tippy Tea」と呼ば

れる紅茶が、ほかのシーズンに比べて数多く登場するのもこの時期です。

❸ モンスーン（7月〜8月ごろ）

雨季の紅茶。ブレンドティーや着香茶、そのほか比較的ローエンドな製品に使われます。

❹ オータムナル（10月〜11月ごろ）

旬と呼ぶか微妙なところですが、モンスーンが去ったあと、10月以降に芽吹いた新芽でつくられる1年で最後の旬です。雨季の紅茶よりは輪郭のはっきりした個性をもちます。

製法によって二つに分類することができます

❶ オーソドックス製法（Orthodox）

萎凋、揉捻、発酵、乾燥などの工程（Q64〜Q69参照）を経る伝統的なオーソドックス製法（Q63参照）でつくられた、細かく砕かれていない紅茶です。サイズが大きなものから小さなものまでさまざまな等級があり、大きめのものは一般的にリーフティーとして認識される、伝統的な茶葉らしい形状をしています。セカンドフラッシュの時期限定でオーソドックス製法の紅茶をつくるという茶園も少なくありません。

また、金色に輝くゴールデンティップを多く含むものもあり、とくに大きなサイズの茶葉においてはたいへん華やかな見た目になります。気をつけたいのは、とくにアッサムのオーソドックスは、ゴールデンティップの多さだけで価格が大幅に変わる傾向が強いということ。購入する際は、価格や見た目だけで品質を判断せず、実際にどのような風味が楽しめるのかを確認しましょう。

❷ CTC製法

揉捻の段階でCTC機（Q71参照）を使い、細かく砕かれて小さく丸められた、粒々した形状の紅茶です。熱湯を注ぐと丸まっていた茶葉が開き、すぐに濃い茶液が得られる特性があるため、とりわけティーバッグに最適だとして重用されています。香りの点ではオーソドックスに到底かないませんが、早く、強く、濃くという市場のニーズに応える紅茶として需要は高く、アッサムティーの90%以上はこのCTCタイプです。

地理的な分類もできます

❶ アッサムバレーとカチャール

Q41で説明したようにアッサム州はT字形をしています。T字の横棒・右側にあたる東エリアが主要なお茶どころですが、T字の縦棒部分にあたるエリア（とくにカチャール地区）でも紅茶がつくられています。アッサムバレーでは真にアッサムらしい紅茶が多くつくられているのに対し、カチャールは「クリーン（clean）」とも表現される、よりライトであっさりした風味の紅茶がおもにつくられていることから、前者でつくられた紅茶を真のアッサムとし、後者の紅茶をカチャールとして分類するのが主流です。

❷ ノースバンクとサウスバンク

アッサムバレーは、アッサム州を横切る大河、ブラマプトラ川流域平野部を指します。アッサムバレーの茶園は、ブラマプトラ川北岸（ノースバンク・North Bank）に位置するか、南岸（サウスバンク・South Bank）に位置するかでも分類することができ、一般的に、前者の茶園の紅茶はよりライト、後者の茶園の紅茶は力強い風味だといわれています。

Q 44

ニルギリはどんな産地ですか？

茶園の入口で青い花を咲かせる大樹ジャカランダ。その樹の下で自撮りを楽しむインド人旅行者の一家——これは、人気の避暑地であると同時に、茶の一大産地であるニルギリという場所を端的に表す場面です。南インドにはケララ州やカルナータカ州、タミルナードゥ州に茶の産地がいくつかありますが、とくに高名なのがこのタミルナードゥ州ニルギリ地区の産地です。インド西海岸沿いを走る巨大な西ガーツ山脈の一部を成す山間の産地で、またの名は「Blue Mountains」。もっとも高い部分は標高約2400mにおよび、30強のプランテーション方式（茶園が茶畑を所有し、栽培から製茶までを自社で行う大規模農園経営）の茶園と、そのほかに多数の小規模農家や製茶工場で構成されているのが特徴です。

比較的標高の高い場所では中国種系、低い場所ではアッサム種系の茶樹が植えられており、そのほかにクローンも多用されています。

1年を通じて比較的温暖で年2回の雨季により雨にも恵まれたニルギリでは、1年中紅茶が生産されており、冬は生産しない北東インドのダージリンやアッサムとは対照的です。品質が上がるクオリティシーズンは、雨が少なく寒暖差が大きい冬の間。生産量が多いのは、5月～6月ごろと9月～10月ごろです。茶摘みは基本的に人の手で行いますが、茶樹の成長に追いつかないときはハサミなども使います。2022年の生産量はタミルナードゥ州全域で16万トンで、ほかの産地を合わせた南インド全体では約23万トンにのぼります。

　ニルギリでの商業茶園のはじまりは19世紀中ごろ。以前より行われてきたコーヒー栽培が「さび病」の打撃を受け、茶園への転換が図られたことも茶業の拡大を推し進めました。茶園の労働力となるのは現地の人々が中心でしたが、アヘン戦争の捕虜として連れて来られた中国人ワーカーの記録が残る茶園もあり、茶業が歴史の大きな動きの中で行われていたことを感じさせます。

　地理的に近い隣国スリランカとは昔から茶業関係者の行き来があり、浅からぬ結びつきがあります。ニルギリの茶畑では、一定の高さ以上で摘採するための目印となる棒を茶樹の上に置く光景を目にしますが、これはスリランカでも見かけるものの、北インドの産地ではあまり見かけません。またニルギリでは、スリランカのTRI（Tea Research Institute／茶業研究所）で育成された品種もいくつか使用されています。


自然豊かなニルギリでは紅茶のほか、カルダモンなどのスパイスや野菜の栽培も盛んで、とくにニンジンが有名です。そのほか、19世紀に薪にする目的で移植されたといわれるユーカリから採取した精油も同地の特産品の一つです。

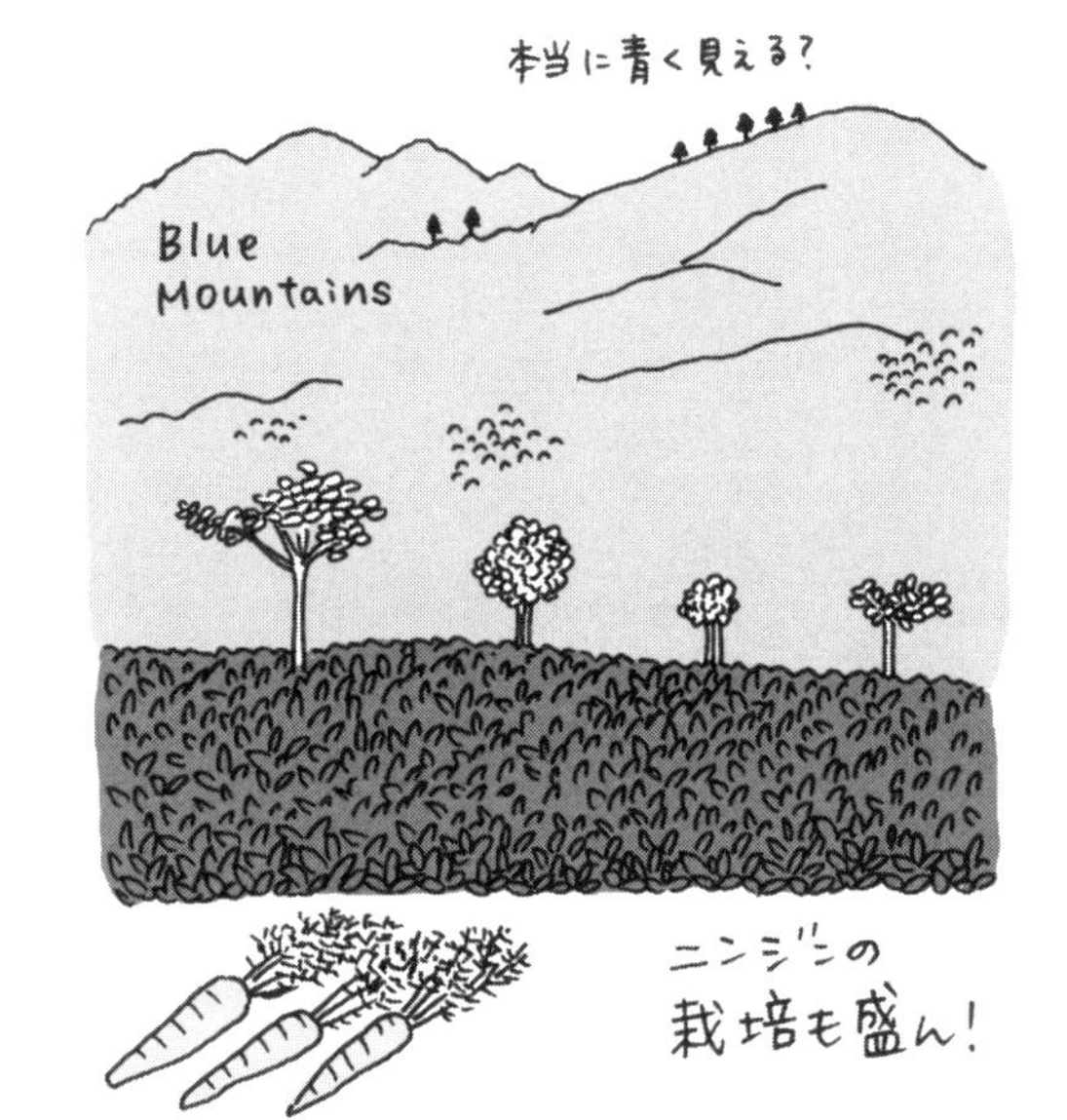

Q45 ニルギリではどんな紅茶をつくっていますか？

ニルギリでは、オーソドックス製法の紅茶とCTC製法の紅茶がともに生産されています。

オーソドックス製法によるニルギリの紅茶は、概してオレンジ色がかった印象的な水色で、クオリティシーズンのものはすっきりとした味わいとオレンジやハーブのような香りを帯びた、心地よい飲み口が特徴です。シーズンの終わりに近づくにつれて味の厚みが増しますが、香りの立ち方は弱くなっていきます。また、「CL」「Clonal」などのマークがつくクローンを使っているタイプは、花のような、果実のような、少し青みがかった香りが楽しめることがあります。

一方、CTC製法によるニルギリの紅茶は、ブレンドやティーバッグに用いられることが多く、またアッサムのCTCよりも低価格で流通するケースが多いため、インド国内外で庶民のティータイムの強い味方となっています。

ニルギリは長年、一大消費地であるロシアをはじめとする旧ソ連およびその周辺国に向けた紅茶づくりをしていたため、高品質な紅茶を生み出す産地と認識されることはありませんでしたが、じつは高いポテンシャルをもっています。2013年に開催された「スペシャルティ・ティー・オークション」では、ニルギリの多くの茶園からさまざまなタイプの茶が出品され、それらの風味や見た目は従来のニルギリのイメージを覆すものでした。インドのティーボード（政府紅茶局）からの財政的援助が得られないことを理由に、この企画が2013年限りのものとなってしまったのはたいへん残念です。
一部の有力な茶園では独自に製茶技術を磨き、紅茶、緑茶、半発酵茶などさまざまなタイプの茶をつくり、中にはダージリンに勝るとも劣らない芳しい紅茶も存在します。今後、こういったハイエンドな茶のつくり手が増えることに期待したいものです。なお、ニルギリではもともと緑茶づくりを積極的に行ってきた茶園もあり、需要を見ながら紅茶や緑茶の生産量を調整しています。

Q46 インドで使われている品種について教えてください。

主要な産地であるダージリン、アッサム、ニルギリの品種について紹介します。

【ダージリン】

個性のあるクオリティの高い紅茶ができるクローンとして、現在ダージリンで一番存在感ある品種が「AV（AmbariVegetative）2」です。生育した芽はライトグリーン、乾燥茶葉は大ぶりな芯芽を含んだ華やぎのある見た目で（そのような見た目を「Bloomがある」と表現します）、涼しげな香りも印象的です。そのほか、茶葉の丸みを帯びた形も特徴的で、セカンドフラッシュでは少しひねりのきいたマスカテル風の香りが期待できる「B (Bannockburn) 157」や、ライムのような香りを楽しめる「P (Phoobsering) 312」、しっとりとしたバラのような香りが期待できる「T (Tukdah) 78」などの品種が用いられています。

〔アッサム〕

アッサムの注目の品種といえば「P (Panitora) 126」。ゴールデンティップ(芯芽)を豊富に含む「Bloomがある」紅茶ができ、高い市場価値をもち得るからです。オレンジピールのような厚みのあるフルーティーな香りが期待できます。クオリティの高いクローンとしては「N (Nokai) 436」や実生から選抜した「S3A3」、CTC製法の紅茶には「T3A3」も人気です。そのほか、トクライのTRA (Tea Research Association/茶業研究所) からは「TVシリーズ」や「TRA Garden Cloneシリーズ」も数多くリリースされています。

〔ニルギリ〕

もっとも高名なクオリティの高いクローンの一つが「CR6017」で、「C」が由来するところの「クレイグモア (Craigmore)」茶園の優良系統から選抜・育成されたものです。青リンゴや蘭の花を思わせる香りが期待できます。そのほか、南インドの茶業研究機関であるUPASIで育成された品種も数多くあり、クオリティの高いクローンとしては「UPASI-3 (B/5/63)」や「UPASI-6 (B/6/24)」が挙げられ、とくに「UPASI-6」は「Bloomがある」紅茶が期待でき、ホワイトティー(シルバーティップ主体の、繊細な風味の紅茶)に使われることもあります。

いずれの産地でも単一の品種を使って製茶することもあれば、複数の品種から芽を摘んで製茶することもありますが、後者のほうが一般的です。

Q 47

スリランカと紅茶の関係について教えてください。

スリランカは、日本から飛行機で9時間ほどの、インドの南東に浮かぶ島国です。国土は北海道の8割程度の広さですが、南部中央の山岳地帯を中心に、バラエティ豊かな紅茶がつくられています。

スリランカにおける紅茶の商用目的での栽培は、のちに「スリランカの紅茶の父」と呼ばれる、スコットランド人のジェームス・テーラーが、1867年にキャンディ郊外のルーラコンデラ茶園で初めたとされています。その後、それまで盛んだったコーヒー栽培が「さび病」で壊滅状態になったことをきっかけに紅茶栽培への切り替えが進み、プランテーション方式によって国の主要産業にまで発展しました。

今では紅茶を含む茶の生産量で世界第4位、紅茶の輸出量で世界第1位、2位を争う規模となり、スリランカ産の紅茶は旧国名を冠した「セイロンティー」の名前で知られています。日本でも最初に輸入された紅茶として親しまれています。

スリランカのティーボード（政府紅茶局）が認定する産地は、「ウバ」「ヌワラエリヤ」「ディンブラ」「ウダプッセラワ」「キャンディ」「ルフナ」「サバラガムワ」の七つ。気候や地勢（環境）、茶葉の特性（素材）、そして加工の仕方（製法）の違いなどによって、小さな国土でありながら、さまざまなキャラクターの紅茶がつくられているのが、この国の紅茶の魅力の一つです。

Q 48

スリランカ全体の産地としての特徴を教えてください。

製造される「環境」、使われる「素材」と「製法」それぞれの観点から説明します。

〔環境〕

スリランカの環境面でのポイントは、「熱帯気候」「モンスーン」「山岳地帯」の三つが挙げられます。熱帯気候であるため、適度な雨量があるうえに1年中気温が安定しており、茶樹の休眠期がなく、1年を通して製茶が行われています。このことは同国の紅茶の生産性の高さに大きく寄与しているとともに、一定水準をクリアした、安定した品質の紅茶がつくられる背景となっています。

また、年2回のモンスーンの影響で雨季と乾季に分かれ、地域によっては紅茶のクオリティに大

きく影響しています。12月～3月にかけての北東モンスーンの時期は、南部中央にあるピドゥルタラーガラ山を中心とした山岳地帯を境に、山の東側に大量の雨を降らせると同時に、西側には乾いた風がもたらされ、乾季が訪れます。反対に6月～9月にかけての南西モンスーンの時期は、山の西側が雨季、東側が乾季となります。紅茶はどの産地でも乾季にクオリティがよくなるため、山の東側の斜面にあるウバは7月～8月に、西側のディンブラは1月～2月に乾季を迎え、クオリティが上がると同時に取引価格も高騰します。

スリランカでは、この山岳地帯を中心に紅茶の産地が点在しており、産地によって標高が異なります。気温や日照などの気候、栽培品種、茶樹の成長速度、萎凋や発酵といった製茶工程の進み方など、製茶の環境や条件は標高によって共通点があり、できた紅茶にも標高ごとにある程度共通した傾向が見られます。

このことからスリランカ産の紅茶は、製茶工場が設置されている場所の標高によって、4000フィート（約1219m）以上を「ハイグロウン（高地産）」、2000〜4000フィート（約610〜約1219m）を「ミディアムグロウン（中地産）」、2000フィート（約610m）以下を「ローグロウン（低地産）」と、2000フィート（約610m）ごとに大別されています。

　標高の高い産地では、概して水色は明るく透明感があり、清涼感のある味と香りが特徴です。一方、標高の低い産地では水色は濃く、味が強く出る傾向にあります。近年ではロシアをはじめとした旧ソ連や中東の国々を中心にローグロウンの茶葉の人気が高く、高値で取引されています。

【素材】

　スリランカではおもに高地で中国種、低地でアッサム種の特徴が色濃い茶樹が栽培されていますが、純粋な中国種やアッサム種、カンボジア種は存在せず、現在製茶に用いられる茶樹はそれらの3種が交雑されたものと考えられています。そのため、中国種やアッサム種などの区別や分類がされることはほとんどありません。

　一方で、茶樹の栽培・繁殖方法に着目した分類

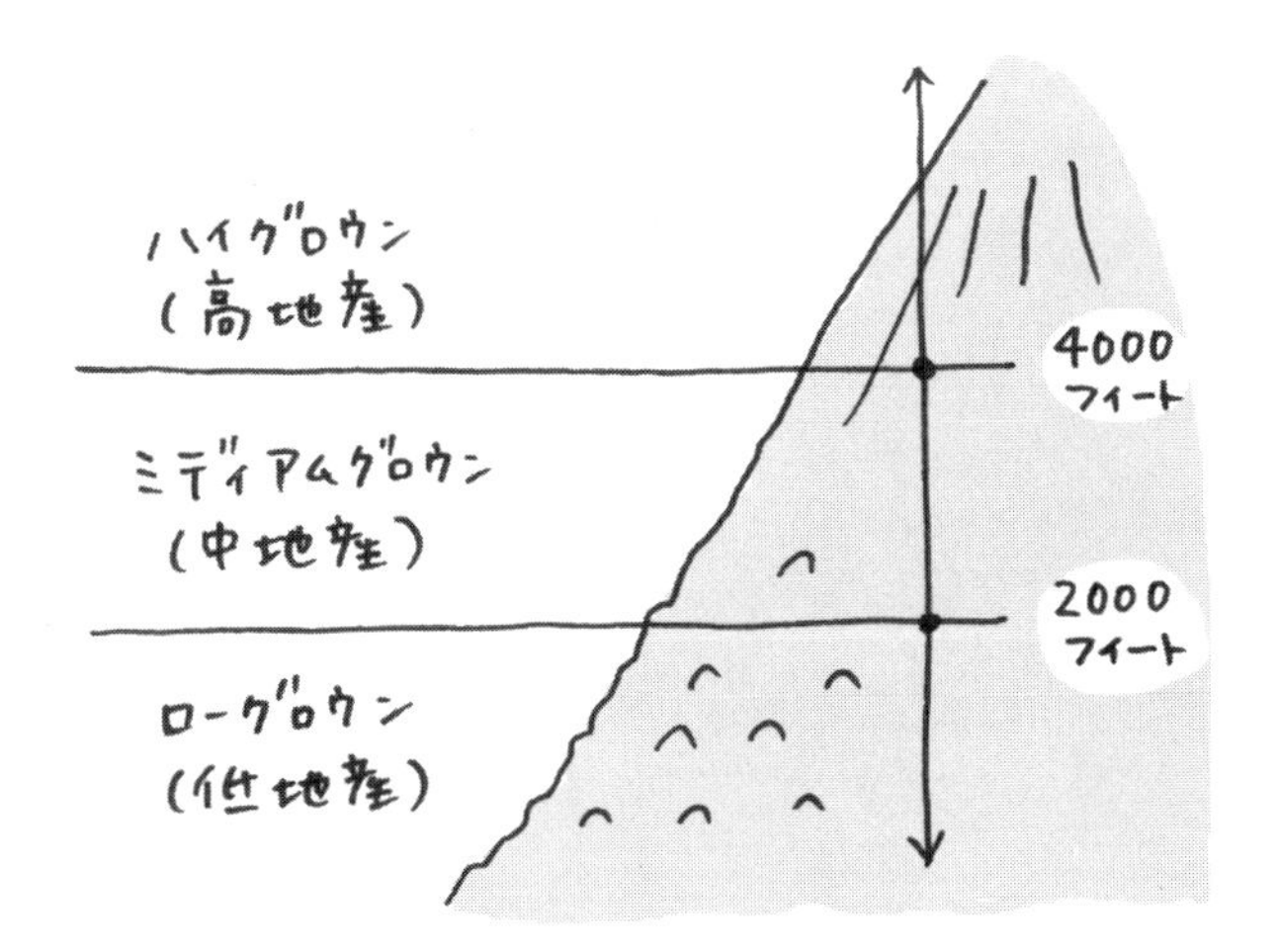

があります。種（たね）からふやす「種子繁殖（Seed Propagation）」と、挿し木などによってふやす「栄養繁殖（VP／Vegetative Propagation）」です。種子繁殖によって植えられた茶樹は、かつて種から育てる繁殖方法しかなかったころに植えられたものが多く、一方、栄養繁殖は病気や害虫への耐性や、生産性などの向上を目的としてTRI（茶業研究所）によって開発された、いわゆる「品種茶」のことをいいます。

　現地の多くの生産者は、「種子繁殖のほうが品質的に優れている」と語りますが、一方で樹齢の古さや個体差のバラつきなどに起因する生産性の低さが問題視されています。

　種子繁殖と栄養繁殖とで製茶の作業を分けて行うことはほとんどありませんが、畑は区画を分けて管理されており、両者の比率の違いが、茶園の特徴や、でき上がった紅茶のキャラクターの違いに現れます。

〔製法〕

　スリランカでは一部にCTC製法の工場も見られますが、ほとんどの製茶工場がオーソドックス製法で、ローターベイン（Q70参照）を導入しているケースも多くあります。オーソドックス製法でローターベインを採用しているのは、ハイグロウンのほとんどの工場と、ミディアムグロウンの一部の工場です。近年では消費者の生活リズムのスピード化にともない、早く、濃く抽出される細かなブロークンサイズの茶葉の需要が高まっています。ローターベインの導入は、こうした需要に応えるかたちで広がり、ブロークンサイズの茶葉が多くつくられるようになりました。スリランカで育てられる茶樹の個性も相まって、清涼感のある香りと適度な渋みを生み出すこの製法は、限られた設備で効率的に大量の紅茶を生産できるというメリットもあり、今日のスリランカの茶業の発展に貢献しています。

Q 49

ディンブラはどんな産地ですか？どんな紅茶をつくっていますか？

ディンブラはスリランカ南部の山岳地帯の西側、標高1100〜1600mにあるハイグロウンの産地で、高原の避暑地ヌワラエリヤや、多くの巡礼者が訪れる聖山スリーパーダ、世界遺産にも指定されている高原地帯ホートンプレインズ国立公園などに囲まれた渓谷地帯です。「ディンブラ」という名前は、もともとはこの地域の北部にある一地区の名称ですが、紅茶の世界ではタラワケレ、ディコヤ、マスケリヤ、アップコット、ボガワンタラワといったいくつかのエリアでつくられる紅茶の総称とされています。また同地の紅茶は、オークションではディンブラの名ではなく、「Western High」というカテゴリーで取引されています。

ディンブラは1年を通して安定した品質の紅茶がつくられる、スリランカの代表的な産地です。爽快な飲み口と軽やかな渋み、白いカップに映えるややオレンジ色がかった透明感のある真紅の水色からも、セイロンティーに慣れ親しんできた日本人にとっては、紅茶のイメージをもっとも象徴する紅茶といえるでしょう。ストレートでもミルクティーでも、アイスティーにしても充分にもち味が生かされるオールマイティーな紅茶です。

同じハイグロウンの産地でもウバとは山を挟んで反対側に位置するため、季節風の影響を受ける時期も対称的で、12月〜3月にかけての北東モンスーンの影響で乾季となり、2月前後にかけてクオリティシーズンを迎えます。クオリティシーズンにつくられる質のよいディンブラは、花のような香りと、収斂（しゅうれん）性のある心地よい渋み、ほのかな甘みをともなう酸味に特徴があります。

　ディンブラという産地をさらに細かく見ていくと、地勢や気候などに特徴があるいくつかの地区に分けられます。おもな地区としては、ヌワラエ

〈ディンブラのおもな地区と茶園〉

地域	茶園
タラワケレ	グレートウェスタン、デスフォード、サマーセット、ベアウェル、マタケレー、ウォルトリム
アップコット	オルトン、ガウラウィラ、ストックホルム
マスケリヤ	ラクサパーナ、マレイ、ブランズウィック
ボガワンタラワ	ロイノルン、カーカスウォルド、インジェストリ

リヤに隣接するタラワケレとナーヌオヤ、スリーパーダの麓に広がるマスケリヤとアップコット、「セイロンティーのゴールデンバレー」と呼ばれ、ホートンプレインズ国立公園近くまで広がるボガワンタラワ、ハットンの街周辺にあるディコヤなどが挙げられます。地区ごとに同一グループの茶園がまとまっているケースが多いです。

　茶園によってつくられる紅茶のキャラクターにもある程度の傾向が見られ、大きく二つのタイプに大別されます。一つは、あまり強く発酵させずにつくられる「Light & Bright」と呼ばれるタイプで、明るい水色と軽やかな味わいが特徴です。この種（しゅ）のつくり方をする代表的な茶園としては、グレートウェスタン、デスフォード、サマーセット、オルトン、ストックホルム、ロイノルンなどが挙げられます。クオリティシーズンにつくられる旬のディンブラ特有の花のような香りの紅茶は、おもにこれらの茶園でつくられ、オークションで最

高値を記録するのもこのタイプの紅茶です。

　もう一つは、しっかりと発酵させた、水色は濃く、ボディのある深い味わいが特徴の「Thick & Color」と呼ばれるタイプです。代表的な茶園は、マタケレー、ラクサパーナ、マレイ、ブランズウィック、ガウラウィラなどが挙げられます。このタイプの紅茶は天候に左右されにくいため、1年を通して同じキャラクターに仕上がります。記録となるような突出した金額にはならならないものの、比較的安定して高値で取引されます。

　近年では、早く、濃く抽出できる紅茶の需要が高い傾向にあるため、クオリティシーズンでも強めに発酵させてつくる茶園が多く、その結果、本来花のような香りの紅茶を得意としてきた茶園においても、そうしたディンブラ特有の旬の香りが現れないことが多くなっています。旬の香りが現れるためには、シーズンに入って2～3週間、晴れ間が続き、昼夜の寒暖差が大きく、フィールドに乾いた風が吹くなどの天候条件がそろうことが必要です。これらの条件のもと、製造においても発酵を強くしすぎないなどの工夫をすることで、旬の香りが生まれます。その反面、生産者は旬の香りが現れない場合に、市場で買い手がつきづらいというリスクを負うことになります。

Thick & Color
(しっかり発酵させる)
濃い水色、ボディのある味わい

Light & Bright
(強く発酵させない)
明るい水色・軽やかな味わい

Q 50

ウバはどんな産地ですか？どんな紅茶をつくっていますか？

ウバはバドゥーラに州都を置く州の名前です。スリランカで2番目に人口が少ない州で、農業以外の産業があまり発展していません。この地域は、人口の多い都市部からのアクセスが比較的悪く、かつてコーヒー栽培が盛んだったころにも開発が進まなかったのですが、1890年代にサー・トーマス・リプトンがこの地に農地を取得して以降、紅茶の産地として栄えるようになりました。

ウバはスリランカ中央にある山岳地帯の東側に位置し、一般的にはハイグロウンの産地として知られていますが、実際にはミディアムグロウン～ハイグロウンに属する地域に広がっています。この産地では6月～9月にかけての南西モンスーンの時期に乾季となり、8月前後にクオリティシーズンを迎えます。この時期には多くの工場でローターベインを導入し、ブロークンサイズの茶葉を用いて、オレンジ色あるいは琥珀色に近い透明感のある明るい赤色の水色をした、清涼感のある味わいの紅茶を製造します。とりわけ、マルワッタバレーにある茶園を中心につくられるクオリティーシーズンの紅茶は、「ウバフレーバー」と呼ばれる、目の覚めるようなメンソール香をもち、珍重されています。このタイプのウバは、同地のほかのタイプの紅茶と比べて2倍、ときには3倍以上の価格で取引され、多くのバイヤーの注目を集めています。

〈 ウバのおもな地区と茶園 〉

地域	茶園
バンダラウェラ マルワッタバレー	ウバハイランズ、 アイスレビー、ナヤベッダ
ハリーエラ バドゥーラ	アッタンピティア、 ディックウェラ
ルヌガーラ	アダワッタ、シャウランズ
ウェリマダ	ダウンサイド
ハプタレー	ダンバテン、ケリエベッダ

ウバの主要な地区は、バンダラウェラ近くのマルワッタバレー、ハプタレーやウェリマダ、もっとも生産量の多いバドゥーラなどが挙げられます。ウバで生産される紅茶は、オークションでは標高を指標に「Uva High」と「Uva Medium」に分けて取引されており、右記の表の茶園のうち、アッタンピティア、ディックウェラ、ダウンサイド、アダワッタ、シャウランズは「Uva Medium」に属します。

ウバはもともと比較的乾燥している地域で、クオリティシーズンとなる乾季には極端に生産量が減ります。そこで、複数の茶園を所有している生産者は、一部の工場を稼働させずに、グループ内の別の茶園の工場に生葉を集めることも多くなります。とくにウバハイランズやアイスレビーなど、よく知られた名前の茶園に生葉がもち込まれ、製茶をした茶園のセリングマーク（Q78参照）をつけて出荷されています。

また、かつてクオリティの高い紅茶をつくることで知られていたセントジェームス、チェルシー、ダイラバ、ネルーワなどの茶園は、現在は休止しています。しかし、セントジェームスとチェルシーは、名前だけはそれぞれディックウェラ茶園とアイスレビー茶園が所有するセリングマークとして残っており、クオリティシーズンのときに限ってその名前が復活することがあります。

前述したウバフレーバーは、ウバの紅茶の代表的なキャラクターですが、近年ではクオリティシーズンが終わると製茶工程からローターベインをはずし、ローグロウンの紅茶のように、ちぎったり、破砕したりしない、いわゆるフルリーフを用いた、発酵度の高い紅茶をつくるケースも見られるようになりました。最近ではローグロウンの紅茶の人気が高いため、そうした製法の紅茶も高値がつきやすいのです。「ウバ＝高級茶」のイメージを覆す、近年の紅茶市場を象徴する現象といえるでしょう。

ウバフレーバーが現れるクオリティシーズンは、7月〜9月のうちの長くても2ヵ月程度。紅茶ファンを楽しませてくれる類いまれなるキャラクターですが、多くの茶園のこうした経営努力によって産地の個性と産業としての茶業が守られているのです。

Q 51

ヌワラエリヤはどんな産地ですか？どんな紅茶をつくっていますか？

スリランカの最高峰ピドゥルタラーガラ山に隣接するヌワラエリヤは、英国統治時代に避暑地として開発された街です。「リトル・イングランド」とも称され、街並みは今でも英国風の雰囲気を残しています。

スリランカでもっとも標高が高い産地で、年間の平均気温が約16℃、晴れた昼間は最高気温が20℃を超える日もある一方、夜には10℃を下回り、上着を着ないと過ごせないほど冷え込む日も多くあります。この気温差が独特の香りをもつヌワラエリヤの紅茶のキャラクターをつくるといわれています。

こうした気候を背景に、同地では中国種の特徴を強くもつ茶樹が多く用いられ、また全般的にあまり発酵させない（進まない）紅茶が多くつくられます。こうした紅茶は製造工程が独特で、発酵は揉捻機にかけている間のみで、揉捻が終わるとすぐに乾燥の工程に移ります。

ヌワラエリヤの紅茶は、明るい黄色からオレンジ色の淡い水色と、緑茶を思わせる青々とした若葉の香りからなるデリケートな味わいが特徴です。クオリティシーズンには淡い水色の反面、華やかな香りが口の中いっぱいに広がるすばらしい紅茶が生み出されます。高品質なヌワラエリヤの紅茶は、ダージリンにも似た強く華やかな香りがあることから、「セイロンティーのシャンパン」とも呼ばれています。

生産地域は、中央山岳地帯の西側の斜面が中心で、ディンブラと同様に北東モンスーンの影響を受ける1月〜2月にクオリティシーズンを迎えます。ただし標高が高いため、茶園によってはフィールドの一部が山の東側のウバの地域に入っているところもあり、南西モンスーンの影響を受ける7月〜8月にもクオリティがよくなるケースがあります。そうした地域では、ごくまれにウバを思わせるようなニュアンスをもった清涼感のある紅茶も見られます。

　ヌワラエリヤは土地が狭く、茶園も数えるほどしかないため、生産量はスリランカ全体から見るとわずか1・5%程度です。「Light & Bright」と称される明るい水色と軽やかな飲み口のキャラクターは、日本やドイツなどで人気がありますが、世界的に見ると需要は決して高いとはいえず、紅茶をつくらなくなる茶園も年々増えています。かつては良質な紅茶をつくることで知られていたパーク茶園（セリングマークは「トマゴン」）も現在は他社に貸し出されて緑茶を製造しており、オリファント茶園のように緑茶を中心につくる茶園もあります。また、製茶そのものを休止する工場も多く、摘み取られた生葉がほかの茶園にもち込まれるケースも見受けられます。

　現在、ヌワラエリヤでシーズナルなキャラクターをもつ紅茶を生産しているのは、ペドロ茶園（セリングマークは「ラバーズリープ」と「マハガストータ」）、コートロッジ茶園、コンコルディア茶園（セリングマークは「ケンメア」）のわずか3茶園のみです。所属地域の違う茶園がヌワラエリヤのようなキャラクターの紅茶をつくることもありますが（ディンブラのウダラデラ茶園など）、それらを含めても「ヌワラエリヤらしいキャラクター」を有する紅茶の生産量は少なく、バイヤーの頭を悩ませる存在です。

Q52 スリランカにはほかにどんな産地がありますか？

スリランカにはQ49～Q51で紹介した産地以外に、おもに以下の四つの産地があります。

〔ルフナ／サバラガムワ〕

もっとも生産量が多く、キャラクターに特徴があるのがルフナとサバラガムワです。ローグロウンのほとんどの紅茶が、この二つの産地でつくられています。ローグロウンは、標高が低く気温が高いことから発酵が進みやすく、それに適した品種が多く使われています。製茶はオーソドックス製法で、ローターベインを使わないリーフグレード（大きめの茶葉）が中心です。乾燥茶葉は黒く、水色は深い赤褐色で、深みとコクのある味が特徴ですが、渋みはあまり強くありません。

かつては「ルフナ」という名前で一つの産地に数えられていたローグロウンの地域が、現在では行政区に応じて分けられ、南部州に属する地域を「ルフナ」、サバラガムワ州に属する地域を「サバラガムワ」として区別されています。サバラガムワの一部にはミディアムグロウンに属する地区も含まれますが、ローグロウンの地区でつくられる大部分のサバラガムワは、キャラクターにおいてはルフナと大きな違いはありません。

かつてのスリランカでは、シーズンの香りに特徴があるハイグロウンの産地が茶業界を牽引してきましたが、1990年代はじめから旧ソ連や中東の国々を中心に、ローグロウンでつくられるリーフグレードへの需要が高まり、現在ではスリランカ全体の紅茶生産量の60%以上をローグロウンの茶葉が占めるのと同時に、ほかの産地に比べて高値で取引されるようになっています。

また、ハイグロウンでは今でもプランテーション方式が一般的なのに対し、ローグロウンではチャノキの栽培を行う「自小作農」、収穫された生葉の集荷と販売を担う「グリーンリーフ・ディーラー」、それらを買い取って製茶をする「製茶工場」と、それぞれに役割をもった業者が存在しているのが大きな特徴です。自小作農はゴムやココナッツなどほかの農産物と兼業している農家も多くありますが、ローグロウン以外も含めると、スリランカの紅茶の生産量のうち65%を自小作農が担っており、その事業者数、栽培面積、生産量のいずれもが今でも年々増え続けています。また、自小作農はプランテーション方式に比べて生産性の高い品種への改植が進んでおり、単位面積あたりの生産量が高いのも特徴です。

〔キャンディ〕

かつてのシンハラ王朝の首都を中心とした中部州のキャンディは、ミディアムグロウンの紅茶の産地として、またスリランカではじめて商業茶園が開かれた地として知られています。中央山岳地帯の西側に位置していますが、モンスーンにともなう風の影響を比較的受けにくい土地に茶園がつくられることが多く、一般的にはクオリティシーズンが存在しません。一部にはCTC製法が導入されていますが、オーソドックス製法が多く採用されています。現在のマーケットにおいてはリーフグレードの茶葉に高値がつきやすいことから、ローターベインは使わずにリーフグレードを中心につくられることが多くなっています。比較的明るい赤銅色の水色で、穏やかな香りとほのかな甘みが特徴です。きれいな水色とクセのないマイルドな味わいから、アイスティーやアレンジティーに使われることも多いようです。

〔ウダプッセラワ〕

ウダプッセラワはキャンディとウバに挟まれた中央山岳地帯の東側に位置し、ミディアムグロウンからおもにハイグロウンの地域にかけて広がっています。かつては大部分がウバの一部として扱われており、おもに7月〜9月にかけてクオリティシーズンを迎えますが、一部のヌワラエリヤに隣接した地域では2月前後にクオリティが上がる場合があります。雨が多い地域であることと標高がやや低いことから、ヌワラエリヤに比べるとややボディがあり、バラにもたとえられるきれいな水色とやさしい香りが特徴です。この地域の紅茶はカナダのマーケットで好まれています。

ところで、スリランカのティーボード（政府紅茶局）ではこれまで紹介した代表的な七つの産地がリストアップされていますが、じつは商取引の際にはこれらの産地名で分類されることはありません。たとえば、西側のミディアムグロウンにありながら、キャンディと呼ぶにはあまりにも距離が離れているケニルワース茶園のようなケースもあれば、ローグロウンであってもルフナにもサバ

〈スリランカのオークションにおける生産地域区分〉

UVA HIGH	ハイグロウンの「ウバ」
UVA MEDIUM	ミディアムグロウンの「ウバ」
WESTERN HIGH	**ハイグロウンの西側産地** 「ディンブラ」
WESTERN MEDIUM	**ミディアムグロウンの西側産地** 「キャンディ」および一部の「サバラガムワ」、またどちらにも属さない中部州の産地など
UDAPUSSELLAWA	ウダプッセラワ
LOW GROWN	**ローグロウン** 「ルフナ」「サバラガムワ」および そのほかの西部州の産地など

ラガムワにも属さない西部州のカルタラのような地区もあります。七つの産地でスリランカのすべての紅茶を網羅できるわけではないのです。オークションで地域ごとに分ける場合は、右頁の表のように六つのカテゴリーに分類されます。実際の取引では等級によってさらに細かく分けられます。スリランカの産地が標高によって分類されるのは、こうした部分にも適用されているのです。

Q 53 スリランカで使われている品種について教えてください。

スリランカでは、インドやケニア、インドネシアなどのほかの生産国に比べて1kgあたりにかかる製造コストがもっとも高く、それが問題視されています。そのため、生産性が低いとされる古くからある実生の樹から、新しく開発された品種への改植が積極的に進められています。

スリランカでは、1950年代にTRI（茶業研究所）によってはじめての品種がつくられました。それが、標高の高い茶園でよく使われている「TRI2025」や低地向けの「TRI2026」などをはじめとする「TRI2000シリーズ」です。生産性の向上を目的として開発され、現在もっとも多く使われている品種です。その後にリリースされた「3000シリーズ」および「4000シリーズ」は害虫や病気への耐性、「5000シリーズ」は干ばつへの耐性をおもな目的として開発されています。これらはすべて1937年にインド・トクライのTRA（茶業研究所）より導入されたカンボジア種系交配種をもとに開発され、スリランカの全品種茶の90％以上を占めています。

　一方、茶園にある実生から選抜された品種もあります。「エステートセレクション（農園選抜）」もしくは「エステートクローン（農園品種）」と呼ばれ、茶園で実際に使われている中国種系交配種もしくはアッサム種系交配種をもとにTRI（茶業研究所）によって開発されました。中国種系統のキャラクターをもつ「N（Norwood）2」や「DT（Drayton）1」、ヌワラエリヤなどの高地で使われる耐寒性のある「PK（Park）2」などは、エステートセレクションに含まれます。香りなどの品質を重視するハイグロウンの茶園では、これらの品種を使うことが多いようです。

　スリランカでは品種ごとにインボイス（Q77参照）をつくることがほとんどないため、品種によって紅茶のキャラクターをつくるという考え方はありません。そのため、クオリティよりも生産性や耐病性などの機能性に重点を置いて品種の開発が進められてきたといえます。現在、TRIでは、地球の温暖化による環境の変化が懸念されることから、高温や温度差に耐性のある品種が研究されています。

　現在のスリランカでは品種茶への改植が55％程度まで進んでいますが、一方で多くの生産者が「実生のほうがクオリティがよい」と語ります。今後は生産性の向上と同時に、クオリティの維持や向上をどう実現していくかが大きな課題といえそうです。

TEA BREAK 4

茶園の人々の暮らし

インドやスリランカの茶園では、Q76で紹介している管理職の従業員以外にも、大勢のワーカーが日々の作業に従事しています。女性は茶摘み、男性は茶摘み以外の畑の管理作業や工場内の作業をおもに担当しています。

数百haにもおよぶ敷地を維持してゆくのに必要な労働人口は、並大抵のものではありません。これらの人々は毎日どこから来るのでしょうか？

じつは、マネジャーから茶畑や工場で働く人々、さらにその家族まで、茶園の中に住んでいるケースがほとんどです。わかりやすいのはダージリンで、まわりの斜面に目を向けると、茶畑の一角に小さな村のような住居の集まりが点々と見えます。たそがれどきになれば、家々に灯りがともり、カチャカチャと料理をする音とともに、燃える薪やおいしそうな食事の香りがあたりに漂います。

茶園の入口から続く主要道路沿いには、「Manager's Bungalow」のサインがあり、これをたどれば一際立派なマネジャーの住居が現れます。そのほか、茶園内には診療所や学校などもあり、朝晩通学する子どもたちの姿は微笑ましいものです。休日ともなれば皆が大好きなサッカーの対抗試合がグラウンドで開かれることもあり、大勢の人々が観戦にやってきます。

多くの産地は開墾当初、人もまばらなジャングル状態で、そこを切り開いて茶園を運営してゆくために、茶園の運営者は近隣からワーカーをスカウトし、賃金とともに住居なども提供しました。まるで一つの共同体のような現在の茶園の体制は、その名残りといえるでしょう。

Q 54

祁門はどんな産地ですか？どんな紅茶をつくっていますか？

中国・安徽省祁門（きーむん）県を中心とするエリアは中国第一の紅茶産地として、世界的に広く知られています。中国紅茶の代表といえば、国際的にはこの祁門紅茶と考えるのが一般的です。なお、「キームン」のほかに「キーマン」「キーモン」「キモン」などと呼ばれることもあります。

祁門は緑茶の産地としては千年の歴史を有し、「黄山毛峰（こうざんもうほう）」という中国有数の緑茶が生み出されています。その歴史と比べれば祁門紅茶の発祥は比較的新しく1875年です。ダージリンやアッサム、スリランカよりも少し遅れ、日本で最初に紅茶が生産されたのとほぼ同時期になります。発祥については諸説ありますが、中国国内のほかの紅茶の産地から技術者を招いて生産したところ、先発の産地を上回る良質な紅茶が誕生し、生産が盛んになったという説が有力です。

産地では祁門紅茶の風味を、「蘭花の香りと糖蜜の味わい」と表現し、黒糖のような深いコクをともなった甘みが祁門紅茶のもち味とされています。上質な祁門紅茶であれば、花の香りと焙煎香が織り交ざった香りを醸します。しかし、日本をはじめとする中国国外では多くの場合、祁門紅茶は「スモーキー」と表現されます。それは、淹れ方がつくり手の想定と異なることに起因します。産地ではティーポットよりも比較的小ぶりな蓋碗などの茶器を使い、何煎も抽出するのが一般的ですが、中国国外ではその半量程度の茶葉を使い、1煎で抽出しきる「イングリッシュスタイル」で淹れます。イングリッシュスタイルで祁門紅茶を淹れると、本来のもち味が引き出されず、スモーキーな香りが前に出てしまうのです。この淹れ方では、上質な祁門紅茶と中級程度のものとで風味にあまり差が出ません。そのため、輸出用は通常レベルの品質の紅茶が多く、上質なものはあまり輸出されない傾向にあります。

こうした状況に鑑みて、近年では「祁門香螺（きもんこうら）」のように、イングリッシュスタイルの淹れ方でも祁門紅茶のよさが出る紅茶も開発されています。なお、祁門香螺と「祁門毛峰（きもんもうほう）」「黄山金毫（こうざんきんこう）」は「祁門三剣客」と呼ばれ、通常の製法とは異なる「スペシャリティ・ティー」として確立されています。

高級な祁門紅茶は、前述のように蓋碗などを使って何煎も淹れて楽しむのがおすすめです。茶葉1gに対して40〜50cc程度の湯を使い、1煎につき1〜2分程度抽出するのがよいでしょう。一方、国際的に流通量の多い中級程度の祁門紅茶は、「イングリッシュブレックファースト」などのブレンドに使われることも少なくありません。祁門紅茶は長時間抽出しても、濃厚になるのに渋みが出にくいという特徴があり、それを生かしながら、親しみやすい味のブレンドがつくられています。

Q 55

雲南はどんな産地ですか？どんな紅茶をつくっていますか？

中国・雲南省は茶の産地として悠久の歴史を有します。古代中国の漢代にはすでに茶をたしなむ習慣があったという記録が残っており、ここから中国全土、そして世界へと喫茶の習慣が広まっていったといわれています。しかし、こと紅茶については後発の産地といえます。

雲南紅茶の発祥は、ほかの産地とはだいぶ様子が異なります。１９３０年代後半、中国の茶産地は大日本帝国軍の侵略の危機に瀕していました。当時の中国では、茶の輸出は重要な外貨獲得の手段でしたが、ほとんどの茶産地は中国東部に立地しており、日本の侵略を受け、その統治下に入りつつありました。そこで中国国民党政府は、新たな茶産地と輸送ルートを構築すべく、雲南原産の「雲南大葉種」を使って新たな紅茶生産を模索し、１９３９年に最初の製品が完成しました。当初、この紅茶は中国内陸部からミャンマーを経由してインドのコルカタ（旧カルカッタ）方面へと輸送され、西ヨーロッパ各国に輸出される計画でしたが、実際にはこのルートはあまりに険しく、実現できなかったようです。雲南紅茶が本格的に生産されるようになったのは終戦後で、１９８６年には生産量は1万トンに達し、今では中国有数の産地となっています。

このような歴史的経緯から、雲南紅茶はほかの中国産の紅茶とは異なり、「大葉種」を使用しています。大葉種は、いわゆるアッサム種のことです。茶葉の見た目の特徴は、太くて立派なゴール

デンティップ（芯芽）。同じくアッサム種を用いるインド・アッサムのオーソドックスな紅茶と比べると、茶葉は全体に黄色みがかっています。同様に水色も黄色みを帯びた深い紅色で、独特の甘みをたたえ、ナッツ系や、べっこう飴を思わせる香りを漂わせます。ブロークンサイズの紅茶も生産されますが、近年ではゴールデンティップを生かした、美しい見た目の紅茶が多数生み出されています。

雲南紅茶は、通常の淹れ方や蓋碗などで何煎か淹れる方法のほかに、秒単位で細かく抽出時間を区切りながら、10煎程度の抽出を行い、味わいの繊細な変化を楽しむ方法もあります。この方法を実際に行ってみると、甘みとうまみはある一方、あまり渋みがなく、繊細な味わいから徐々に深みが出てくる淹れ方であることがわかります。さらに面白いのはその抽出時間です。なんと、自然界のさまざまな現象に見出されることで知られる「フィボナッチ数列」になっているのです。日がな1日じっくりと紅茶に向き合いたいときには、こんな楽しみ方もよいかも知れません。

〈雲南紅茶の淹れ方〉

・茶葉の量と湯の量

1煎につき、茶葉4g程度と
80～85℃の湯150ccを使用

・抽出時間の公式

○煎目の抽出時間

＝

（○－1）煎目の抽出時間

＋

（○－2）煎目の抽出時間

（単位：秒）

・抽出時間

洗茶・1秒（注ぎ終わり次第）
↓
1煎目・1秒（注ぎ終わり次第）
↓
2煎目・2秒
↓
3煎目・3秒
↓
4煎目・5秒
↓
5煎目・8秒
↓
6煎目・13秒
↓
7煎目・21秒
↓
8煎目・34秒
↓
9煎目・55秒

Q 56 正山小種はどんな紅茶ですか？

「正山小種（せいざんしょうしゅ）」（ラプサンスーチョン）ほど、過小評価されてきた紅茶はないでしょう。正山小種は、日本でも「正露丸」の香りの紅茶として知られ、そのイメージがまだ定着しています。

正山小種は紅茶の元祖です。400年以上前に生産がはじめられ、この紅茶がおいしいと評価されたからこそ、紅茶は世界中に広まったといわれています。実際、18世紀後半に中国から輸出された紅茶の85％は、正山小種の名称であったという記録も残っています。さらに100年下って1840年のアヘン戦争当時でも、正山小種は中国の主要な輸出品目の一つでした。つまり、英国をはじめとするヨーロッパの人々が茶と出合ってから、インドで紅茶が生産されるまでの200年間、紅茶とは正山小種であったといっても過言ではないのです。

正山小種には同じ名称がついていながら、じつは四つの異なる製法の紅茶が混在しています。その中で正統な正山小種は二つ。現在「無煙小種（むえんしょうしゅ）」と呼ばれる、竜眼の香りをもつ深い味わいの紅茶と、「煙小種（えんしょうしゅ）」と呼ばれる燻香をまとわせたスモーキーな紅茶です。正山小種の「正山」とは、中国皇帝の直轄領として茶づくりを代々続けてきた「武夷山」を意味し、無煙小種と煙小種はこの武夷山でつくられているため、正統な正山小種といわれているのです。残りの二つは、「外山小種（がいざんしょうしゅ）」とも呼ばれる紅茶と、人工的な香料で着香した紅茶です。前者は一般的に正露丸の香りにたとえられるもので、正山小種を模して近隣の産地でつくられ、ヨーロッパではこれが「ラプサンスーチョン」の名で親しまれてきました。

　正統な正山小種は、武夷山の桐木関界隈で連綿とつくられてきましたが、その存在が再評価されたのは、2005年に「金駿眉」という新たな紅茶がこの地で開発されたためです。金駿眉は500gにつき、6万～8万もの極めて小さな芯芽を摘み取り、独特な製茶を施すことででき上がる紅茶で、中国に一大紅茶ブームを巻き起こし、極めて高価で取引されています。その結果、それまでは中国国内で一産地の紅茶にすぎないという扱いを受けていた古式ゆかしき正山小種が、紅茶の元祖であると再認識され、敬意をもって取り扱われるようになったのです。

　正統な正山小種の製茶は、現在のインドやスリランカの製茶工場の原型といわれる「青楼」と呼ぶ建物の中で行われます。製茶の時期は、まだ肌寒さの残る春。加温しながら萎凋や発酵を行うのですが、この熱源に武夷山周辺で豊富に確保できる松を用いるのが特徴です。このとき、燻香を自然と付着する程度にとどめて製茶したものが無煙小種で、意図的に燻香を強くまとわせたものが煙小種です。

　しかし、じつは正山小種は、もともとは無煙で製茶されていました。それが、生産が拡大する中で、しっかりと乾いていない薪を使用したことで、紅茶が煙で燻されるかたちになってしまい、それを英国に送ったところ、ピート（泥炭）を炊いて蒸留したウイスキーを愛飲する文化のあった英国人の口に合ったのだともいわれています。実際、煙小種はかなり力強いスモーキーな香りを醸し、ピートのきいたスコッチウイスキーを想起させる味わいです。

Q 57

近年、なぜ台湾が紅茶の産地として注目されているのですか？

もっともダイナミックな変化を遂げている産地の一つだからです。

台湾紅茶の代表格は、長らく「日月潭紅茶」でした。風光明媚な景勝地の台湾中部の日月潭一帯では、現在も「台湾山茶」や「阿薩母種」（アッサム種）、「紅玉種」などの品種を使い、紅茶生産が盛んに行われています。日月潭は日本統治下の20世紀前半に開発された産地で、鮮やかな紅色で渋みが少なく、甘みの強い紅茶を生産してきました。それは今も引き継がれていますが、「台湾紅茶＝日月潭紅茶」とされたのは1990年代までです。

そうした台湾紅茶の枠組みに大きなインパクトがもたらされたのは、2000年代半ばのこと。台湾東部の花蓮県で「蜜香紅茶」という紅茶が考案され、2006年に台北で開催された国際紅茶コンテストでチャンピオンティーに選ばれたのです。蜜香紅茶は、ダージリンのセカンドフラッシュや東方美人と同じく「ウンカ」の影響を多分に受け、鮮烈な花香と蜜香、スイートポテトのような甘い香りを宿し、デザートワインのような優美な甘みを有します。この香りと味が、「従来のどの紅茶とも異なるものだ」とコンテストで高い評価を受けたことをきっかけに、花蓮県瑞穂郷を中心に蜜香紅茶の生産が盛んになり、同地は産地として急速な発展を遂げました。

この流れは、台湾のほかの茶産地に波及していきます。蜜香紅茶登場以前の台湾の茶業界は、高山烏龍茶が席巻しており、標高の高い場所で生産されることが高級茶の前提条件でした。しかし、蜜香紅茶は極めて質の高い紅茶でありながら、標高の低い場所でつくられており、それが全国に知られるようになると、数年のうちに全国の茶生産者が紅茶をつくりはじめるようになったのです。

蜜香紅茶は、原葉（Q64参照）さえウンカの影響をしっかりと受けていれば、烏龍茶の製茶技術をもとにしてつくることができ、品種も烏龍茶用の多くを活用することができます。また、製茶に必要な道具も烏龍茶用のものを流用でき、烏龍茶の価格の上がらない夏季に良質な紅茶が生産できるというメリットもありました。こうした背景から、ついには高山烏龍茶の大産地である阿里山でも蜜香紅茶のコンテストが開催されるに至ったのです。

次第に、蜜香紅茶という言葉は「ウンカの影響を受けた芽でつくられる紅茶」という意味で定着し、台湾各地の産地で多様な品種を用いて蜜香紅茶がつくられるようになりました。花蓮や阿里山では産地による風味の個性も確立されています。

加えて、蜜香紅茶の流れとは別に、紅茶用新品種の開発も進んでいます。２０００年代に入り、「紅玉」「紅韻」といった品種の普及がはじまり、日月潭を中心に各地で栽培が行われるようになりました。このように１９９０年代まではほぼ烏龍茶一辺倒であった台湾の茶業界に、紅茶は完全に定着するに至りました。日本ではまだ馴染みの薄い台湾紅茶ですが、今後も目が離せません。

Q 58

日本の紅茶生産の歴史と現状について教えてください。

日本の紅茶生産の歴史は、明治期にさかのぼります。成立してまだ間もない明治政府が、紅茶の生産を奨励しました。インドやスリランカなど、現在の主要な紅茶生産国が紅茶の生産をはじめたのは、日本の歴史になぞると幕末から明治維新にかけてのことです。明治初期の日本の外貨獲得手段は、茶と生糸。当時の明治政府が紅茶の生産に興味津々であったのは、当然のことといえるでしょう。

そんな世界情勢の中で、幕臣から茶業に転じた多田元吉が、明治政府の命を受けて紅茶生産の視察のために中国（当時は清国）にわたったのは1875年（明治8年）のことです。この年は中国・祁門で紅茶の生産がはじまった年であり、スリランカは1867年に紅茶生産がはじまって8年目となる年、インド・ダージリンも1860年代の商業茶園のスタートから20年も経っていません。世界の紅茶の勢力図が確定していないこの時代、日本もまた紅茶生産国として世界とわたり合おうとしていたのです。

多田の帰国後、紅茶の製法は日本各地に広められ、輸出をめざして生産がはじまりました。しかし、英国人が経営する、他国の大規模なプランテーション方式の茶園には、価格面、品質面、マーケティング面で太刀打ちできず、結果として日本の紅茶の輸出は伸び悩みました。日本の近代化が進んで国内の生産コストが上がったことも、輸出にマイナスに作用しました。

時代は流れ、1929年の世界恐慌から終戦後にかけては、世界情勢の中で一時的に日本の紅茶の輸出が伸びた時期もありますが、最終的には1971年の関税撤廃による紅茶輸入自由化によって、日本の紅茶の生産は途絶えてしまいます。

それから20年ほど経った1990年代以降、地方で特産品をつくろうという動きが活発化し、国産の紅茶も見直されはじめました。「国産紅茶」を表す「和紅茶」や「地紅茶」という用語も生み出され、今では日本各地で多くの生産者が紅茶づくりに励んでいます。

現在の日本の紅茶生産は、よくいえば自由、悪くいえば玉石混交といった状況です。つくりたい紅茶のイメージも、自由化前の日本の紅茶の復興であったり、スリランカやインドの紅茶に近いものであったりとさまざまで、これまでにない新しい風味の紅茶を生み出そうという動きもあります。品質においても、国際的に見てレベルの高い

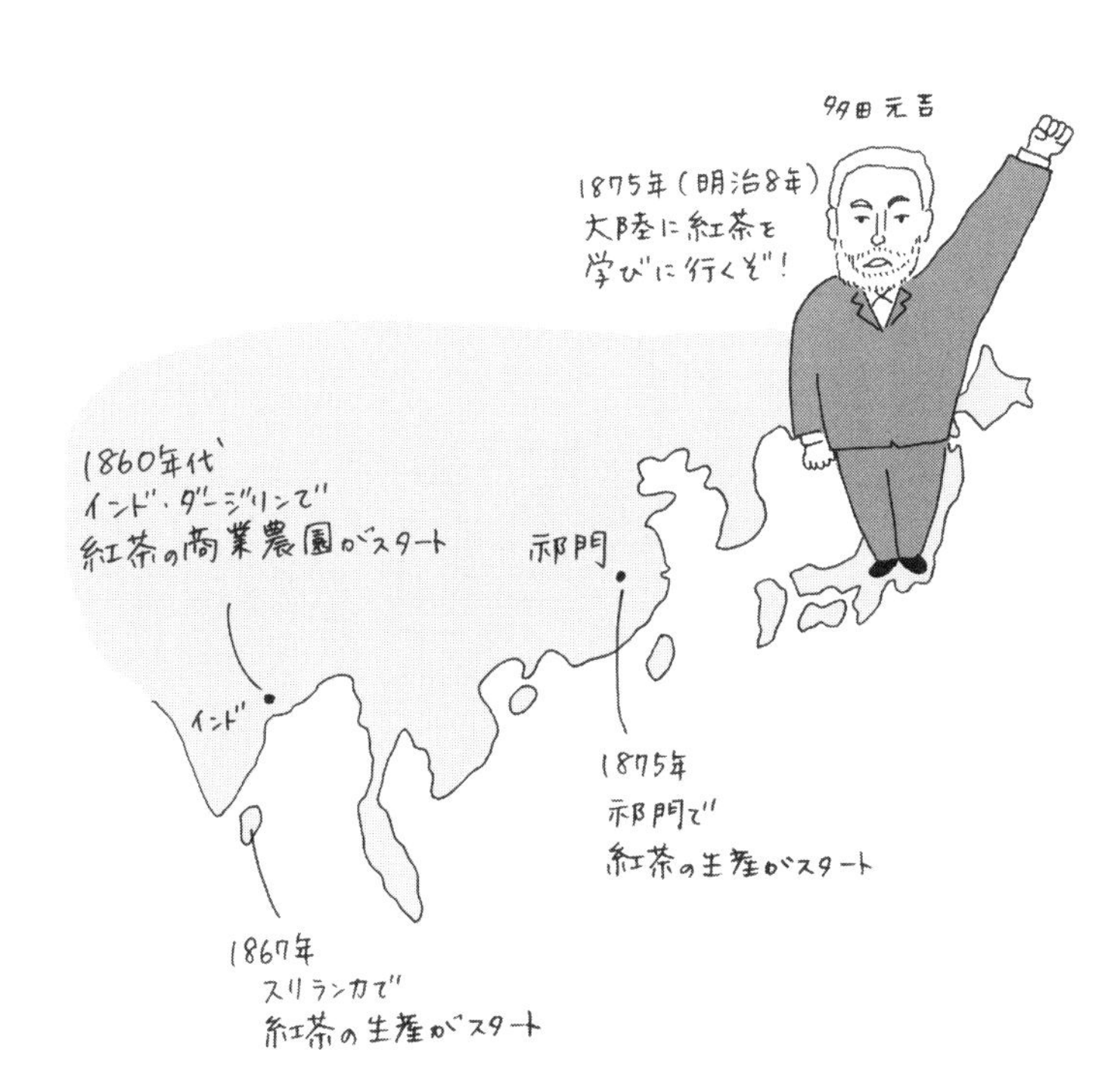

紅茶がある一方、硬い茎や繊維の混入した明らかな半製品もあります。

しかし全体的に見れば、近年、日本の紅茶の品質は目覚ましく向上しています。また、品質の向上が、画一的なキャラクターの紅茶づくりに向かうものではなく、さまざまなキャラクターを宿した紅茶の生産につながっているのが面白いところです。

国産紅茶の世界では、おいしい紅茶をつくるための品種ごとの製茶などのプロセスや、各産地の味わいの傾向など、確立されていない部分がまだあります。それだけに、この先何年かは、日本独自の紅茶文化が確立される過程を目撃でき、参加できるまたとない機会であるともいえます。紅茶ファンにとっては、幸せな時代といえるのではないでしょうか。

Q 59

日本の紅茶生産者数は？産地はどこですか？

1990年以降、日本における紅茶の生産者数は少しずつ増加傾向にあります。また、2002年からは「地紅茶」にフォーカスしたイベント「地紅茶サミット」が開催され、毎年多くの紅茶ファンが集うなど、じわじわと国産紅茶に対する注目度も高まってきています。

地紅茶サミットでは全国の紅茶生産者数を毎年詳細に調査しており、2016年の調査では45都府県、629ヵ所で紅茶がつくられていると報告されています。

中でも生産者が多いのは、静岡県です。静岡県は江戸時代からの歴史あるお茶どころであり、「日本の紅茶の父」といわれる多田元吉が紅茶づくりを行ったという伝統もあるため、とりわけ同地のつくり手からは国産紅茶に対する矜持が感じられます。

このほかにも鹿児島県、熊本県、福岡県、宮崎県、佐賀県などの九州各県は、有力な生産者の多い地域といえます。九州には釜炒り緑茶の伝統があり、紅茶との親和性が高いことや、「べにふうき」（Q60参照）の栽培面積が多いことも、紅茶づくりが盛んな理由の一つでしょう。また、京都府、奈良県、三重県、愛知県などの近畿周辺、そして「狭山茶」で有名な埼玉県や、幕末に日本ではじめて輸出された茶である「さしま茶」を有する茨城県でも、おいしい紅茶がつくられています。

日本の紅茶の品種について教えてください。

日本にはさまざまなチャノキの品種がありります。紅茶のために育種された品種もあれば、緑茶用の品種もあります。紅茶用とされている品種の多くは、「べに〇〇」というように頭に「べに」がつく品種名で農林水産省に品種登録されています。「べにふうき」「べにひかり」などが、その一例です。これらの品種は、程度の差はありますが、アッサム種の系譜を引き継いでいます。そのため、アッサム種と同様に「ポリフェノール類」（Q66、Q67参照）を多く含み、紅茶らしい紅い水色を生み出す紅茶になりやすいという特徴があります。

べにふうきは1995年に品種登録された新しい紅茶用品種で、それでつくった緑茶は花粉症に効果があるという説もあり、少し前に一世を風靡しました。ジャスミン系の花を思わせる香りをくっきりと醸し出すのが特徴で、製品の品質が安定しやすいという点でも紅茶に向いているといえます。発酵を進めてモルティな香りに仕上げても、力強い味わいの良質な紅茶になるようです。

1969年に品種登録されたべにひかりは、実際に商品化される前に、1971年の紅茶輸入自由化で日本の紅茶生産が途絶えてしまったため、幻の紅茶用品種ともいえます。「サリチル酸メチル」（Q84参照）を比較的多く生成する品種といわれ、清涼感のある涼やかな香りを引き出しやすく、また寒冷地で栽培できるのも特徴です。

一方、緑茶用品種は、育種の段階では緑茶のために開発が進められたものですが、その中にも紅茶に適性があることで知られている品種は少なくありません。静岡県茶業試験場で開発された「香駿」もその一つで、煎茶用として人気がありますが、わずかに発酵させると澄んだ花の香りを漂わせるため、紅茶や烏龍茶にも向いています。また、発酵にともなって酸味もある程度生じるため、引き締まった味になります。近年では、そうした特徴が評価され、全国で栽培されつつあるようです。

また、宮崎県を中心に栽培されている「みなみさやか」も優秀な品種といえます。釜炒り緑茶用として栽培されるようになった品種ですが、浅めの発酵で華やかな花香を引き出すことができるため、とりわけ一番茶の時期に収穫した茶葉は、さっぱりとした紅茶をつくるのに向いています。

緑茶用品種のうち、一般には紅茶に向くとはされていない品種であっても、じつはおいしい紅茶をつくることができるケースは少なくありません。「さやまかおり」「かなやみどり」「おくみどり」といった品種は、青リンゴのような香りを漂わす、酸味を帯びたキリッとした味わいの紅茶をつくることができます。海外産の紅茶ではなかなかこのような風味のものはなく、日本ならではの紅茶ということができるでしょう。

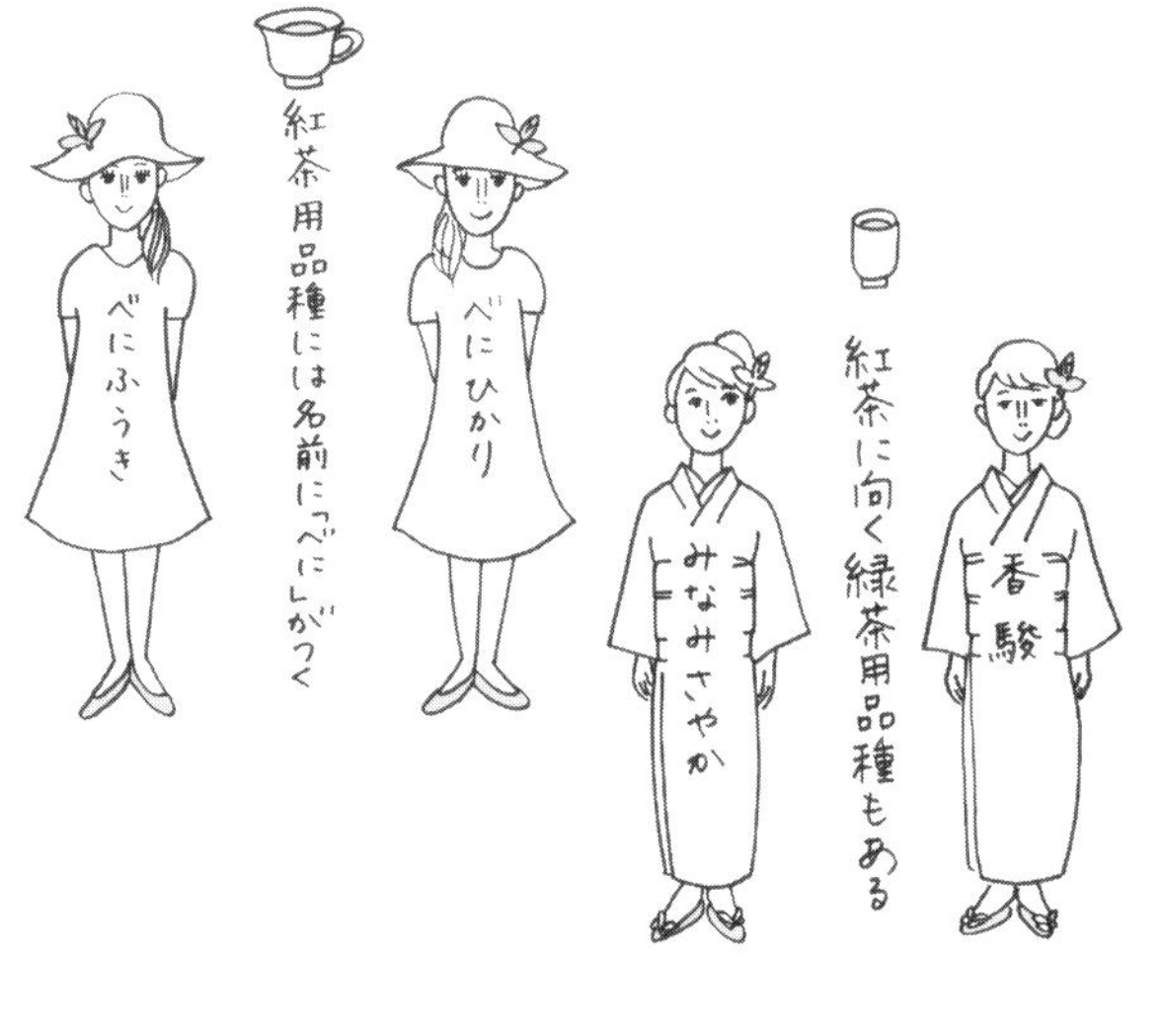

Q 61

紅茶の生産における日本ならではの問題点はありますか？

　ほかの国では起こらない、日本ならではの問題点はいくつかあります。一つは肥料の問題です。日本のほとんどの茶農家は、煎茶を生産しています。しかし、近年の茶の価格低迷から、二番茶で紅茶をつくる動きが少なからず見受けられるようになってきました。ところが、ここに落とし穴があります。茶農家の多くは、煎茶のうまみを引き出すために窒素肥料を使用します。そのような施肥（せひ）が行われた畑の茶葉を紅茶に加工すると、野菜スープのような独特の香りが生じ、飲みにくくなってしまうのです。また、このような紅茶は、長期保存すると、あるときから急激に風味が変化するという特徴もあります。紅茶の生産には多量の窒素肥料の施肥はあまりプラスに働かないため、紅茶をつくるうえでは煎茶とは別に専用の畑を準備する必要があるのです。

　しかし、九州を中心につくられる釜炒り緑茶の場合には、煎茶ほど窒素肥料を多く用いないため、同じ畑の茶葉を緑茶だけでなく、紅茶や烏龍茶に

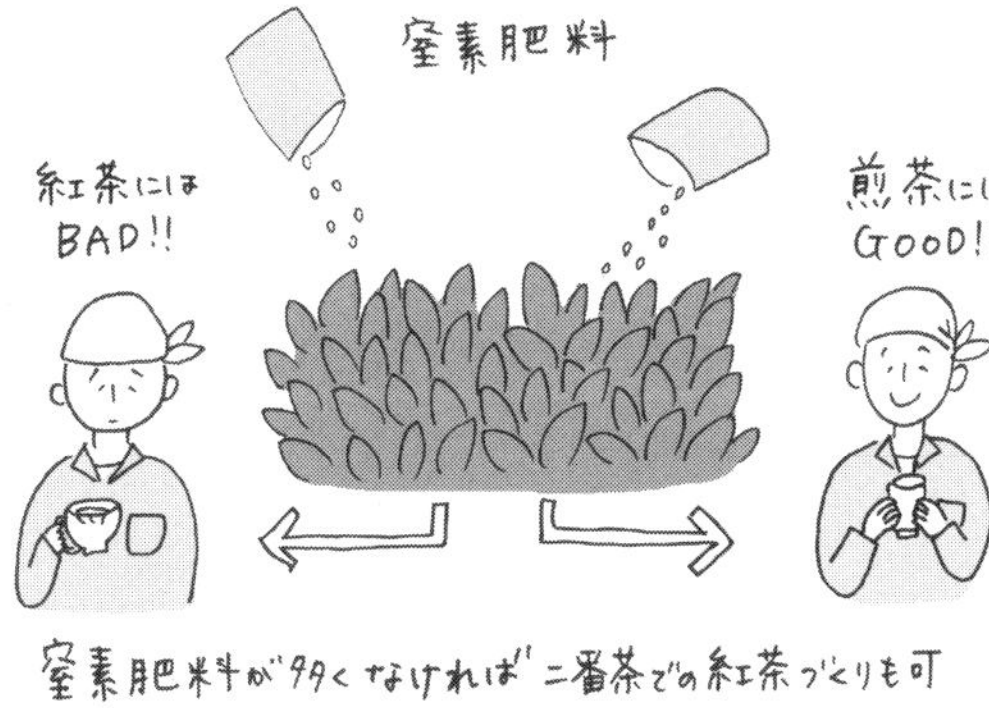

窒素肥料

紅茶には BAD!!

煎茶には GOOD!!

窒素肥料が多くなければ二番茶での紅茶づくりも可

転用しやすいようです。台湾でも、緑茶や烏龍茶のつくり手が二番茶を紅茶の製造に使うケースがありますが、現地では、そうした試みによるデメリットはほぼないと考えられています。

もう一つの問題は摘採の方法です。日本で紅茶をつくる場合、人件費などの問題から摘採は機械で行います。機械を使うと硬い茎や繊維が混入しやすくなり、そうした紅茶は品質を大きく損ない、国際市場ではほぼ半製品とみなされます。それを回避するには、摘採前に茶樹の高さをならす、あるいは摘採時に上辺だけを摘むなどの工夫をする必要がありますが、どちらの試みも生産量やコストの面ではマイナスに働いてしまいます。

環境についても考えてみましょう。日本はインドやスリランカに比べ、高緯度で寒冷です。そのため発酵が進まないという話をよく聞きます。緑茶用品種を使う場合には、もともとポリフェノール類が少ない品種であることも相まって、水色の濃い紅茶がますますできにくいようです。

しかし、この点は大きな問題ではないと考えることもできます。たとえば、紅茶の名産地であるダージリンも気温は低く、酵素が活発にならないために発酵は進みにくいといわれています。それでも、同地のファーストフラッシュは、世界市場でとても高値で取引されています。つまり、紅茶は紅くなくてもよいと割り切ってしまえば、この点は問題にならないのです。むしろ、ポリフェノール類が少ない緑茶用の品種を使って水色の濃い紅茶ができた場合は、発酵過多の状態であることが疑われます。緑茶用品種を使ううえでは、無理に紅い紅茶をつくろうとしないという考え方も必要かも知れません。

TEA BREAK 5

ミルクティーは、茶が先か？ ミルクが先か？

英国では古くから、ミルクティーをつくるに際して「茶が先か、ミルクが先か」という論争がくり広げられてきました。ポットからカップに注ぐときの順番は、紅茶とミルクのどちらを先にするべきかという議論です。これについては、2003年に英国王立化学会が発表した「How to make a Perfect Cup of Tea（完璧な紅茶の淹れ方）」で、「ミルクを先に入れるべき」という旨の結論が出されています。

これは、Q25で説明したように、ミルクのタンパク質の変性を防ぐことができるため、紅茶の風味を損なうことなく楽しめるというのが理由です。

個人的には、そのときどきによって変わる紅茶の抽出具合に応じてミルクの量を調整しやすいという点で、ミルクをあとから注ぐほうがよいと思うのですが……。

この議論については、そんなに目くじらを立てずに、そういうことまで議論の対象になるほど紅茶が愛されていると考えたほうがよさそうです。

PART 4

紅茶の製造方法と流通を知る

製造方法

フィールドワーク

流通

Q 62

国や地域によって製茶のスタイル（味づくりの方向性）は異なりますか？

製茶のスタイルは、厳密にいえばつくり手の数、つくりたい紅茶の数だけ存在します。しかし、小さな差異はあるものの、大まかに「中国式」と「インド式」の二つに分けることができます。

中国と台湾は、大まかに中国式の系譜にあるといえます。東洋の国々は、古くから茶をたしなんでおり、その歴史は千年を超えます。紅茶の製法は比較的近世になってから誕生したものですが、すでに培われてきた茶文化では急須や蓋碗のような小さな茶器を用いて何煎も抽出するのが当り前で、紅茶もそうした飲み方を前提につくられてきました。また、ストレートで楽しむのが基本となるため、渋みをあまり強くアピールせず、まろやかさに重きを置いて製造される傾向にあります。

一方、インド式なのは、インドやスリランカ、ケニアなどです。これらの国々は、英国による統治の中で紅茶づくりが行われてきた経緯があります。できた紅茶は大英帝国圏内をはじめ世界中に流通するため、それを想定してつくられてきました。流通先の国々では多くの場合、1煎で飲みきるスタイルで消費され、何煎も抽出するケースはまれです。また、ミルクを合わせることも多いため、渋みを重視する傾向にあります。

現在の日本の紅茶はインド式が主流で、「日本の紅茶の父」といわれる多田元吉によってインド式の製茶スタイルが日本にもたらされました。ただし、近年になって、中国式を導入しようというう日本のつくり手も見られるようになっています。

Q 63 製茶の流れを教えてください。

紅茶は基本的に、「摘採」「萎凋」「揉捻」「発酵」「乾燥」「等級区分・選別（ソーティング）」の工程（Q64〜Q69参照）を順に経て、製品化されます。

大まかな製造工程は、中国式もインド式もさして変わりませんが、細かく見ていくとそれぞれの工程の意味や狙いが異なる場合があります。こうした工程を踏む製法は、基本的に「オーソドックス製法」と呼ばれています。ほかに、近年では、茶葉を細かく砕いて丸める「CTC製法」（Q71参照）を導入するケースもあります。

オーソドックス製法の流れ

1. 摘採　茶葉を摘み取ります

2. 萎凋　萎れさせます

3. 揉捻　揉み込みます

4. 発酵　発酵させます

5. 乾燥　乾かします

6. 等級区分・選別
異物を除去し、大きさをそろえます

Q
64

摘採とはどんな工程ですか？

紅茶の製造は、新芽を摘み取ることからはじまります。摘み取った新芽は、原料となる茶葉という意味で「原葉（げんよう）」と呼ばれ、原葉を摘み取ることを「摘採（てきさい）」と呼びます。摘採には手摘みと機械摘みとがあり、日本と台湾の一部を除くほとんどの国では、手摘みが主流です。日本では人件費の問題から手摘みを行うケースはあまりなく、ほとんどが機械摘みを採用しています。摘採においては、中国式とインド式で大きな違いはありません。

摘採でもっとも大切なのは、つくろうと思っている紅茶にふさわしい成熟度の芯芽や葉を摘み取り、できるだけ成熟度が均一なまま次の工程にまわすことです。茶葉のコンディションが均一でないと、最終的に味や香りにムラができてしまいます。また、日もちのしない、劣化しやすい茶葉が混ざったり、ブレンドなどの加工に適さない形状になったりという問題も生じます。

一般的には、小さくてやわらかい若い芽が上質とされます。若い芽には、香り成分やうまみ成分が凝縮されているからです。大きくて硬い芽が混ざると、紅茶の品質は低下する傾向にあります。ある程度大きな芽でもよい紅茶はできますが、芽が大きく開き、茶葉の硬化がはじまってしまうと、味や香りを引き出すことが難しくなるのです。

ダージリンのとある農園では、「米粒より大きな芽を摘んではならない」という信条をもち、そのことを茶摘みを行う大勢のワーカーに徹底して指導しています。この場合の米はインディカ米であり、日本の米よりは多少大きいとはいえ、そうした芽だけを選定して摘み取るのは並々ならぬ努力を要します。

　ほぼ機械摘みの日本では、摘み取り日以前の準備が重要です。その準備の一つが「整枝（せいし）」と呼ぶ作業で、茶樹が春の一番茶のシーズンに機械で摘み取りやすい高さにそろっているように、あらかじめ枝を切って調整しておきます。この技術は、世界的に見ても日本はもっとも進んでおり、それによって少ない人数で多くの紅茶を生産できるのです。煎茶など緑茶を念頭に置いて磨かれた技術ですが、紅茶においても同様に威力を発揮します。

　摘み取る時間帯や天候によっては、朝露が茶葉についていたり、雨に濡れていたりすることもあります。濡れた状態の茶葉は、のちの工程で「葉傷み」につながるため摘まないのが望ましいのですが、熱帯地域に属する産地では次々と芽が伸びてしまうため、雨が多少降っていても、朝露に濡れていても摘み取ります。こうした状態の茶葉は、萎凋（いちょう）に進む前あるいは萎凋の最中に、表面の水分を飛ばすための工夫を施す必要があります。
　また、小さくやわらかい芽であればあるほど、摘採後は芽を傷めないように注意が必要です。摘み取った芽の表面は、摩擦や断裂によって発酵が進んでしまうことがあるからです。また、炎天下での茶摘みでは、摘んだ茶葉自体が熱をもち、それが原因で傷みが発生することがあります。

Q 65

萎凋とはどんな工程ですか？

紅茶に限らず茶の製造は、「圃場（フィールド）」と「工場（ファクトリー）」とに作業の現場が分かれており、「萎凋」からは工場での作業になります。萎凋は、茶葉の中の水分を飛ばし、茶葉をやわらかくして（萎れさせて）揉めるようにする工程です。萎凋を行わずに揉捻に進むと、摘んだばかりの芽や茎は硬さがあるため、揉むとあちこちでちぎれてしまい、ちぎれた部分は発酵が急速に進みます。一方でちぎれていない部分は発酵が進まないか、ゆっくりと進むため、発酵ムラが生じてしまいます。結果として、発酵不足に由来する強い渋みと、発酵過多に由来する酸味をあわせもつ紅茶になってしまうのです。

萎凋は、「萎凋棚」あるいは「萎凋槽」と呼ばれる大きな入れものに茶葉を敷き詰め、直射日光のあたらない屋内の風通しのよい場所にしばらく置いておくのが基本的な作業です。少量生産が多い日本や台湾などでは、萎凋棚のほかに「かれい」（直径1mほどの大きな竹製のざる）を使うこともあります。敷き詰める際は、茶葉の水分がまんべんなく飛ぶよう、茶葉が重ならないように並べるのが理想です。ぎゅうぎゅうに敷き詰めると熱が生じて茶葉が蒸れてしまいます。しかし、インドやスリランカなど大量生産の現場ではそうはいきません。茶葉を厚さ20cm前後に重ね、下から送風機で風を送って水分を飛ばします。

萎凋はおおむね12～24時間程度行われますが、茶葉のコンディションによって時間は大きく変わります。また萎凋の進み具合は、茶葉が重なっている場合であれば、表層の茶葉と下層の茶葉とで違いがありますし、送風機に近い場所か、離れた場所かでもズレが生じます。そこで、ときどき撹拌したり、送風の向きを変えたりして、茶葉のコンディションを均一に保つ工夫が必要です。なお、近年では萎凋の最中に撹拌を行うと「リナロール」(Q83、Q84参照)などの好ましい香り成分が増すことが知られるようになり、コンディションが均一でも、数時間に一度、わずかに撹拌を行うつくり手もいます。

萎凋の作業はシンプルですが、難しい部分もあります。たとえば、モンスーンや梅雨がある地域の場合、そのような時期は湿度が高いため、なかなか茶葉の水分が抜けません。また、春先の一番茶のはじまりのころはさほど気温が高くないため、水分の蒸発が遅く、萎凋がなかなか進まないこともあります。一方で気温が上がりすぎると茶葉が傷みはじめ、意図せずに発酵が進んでしまうこともあります。加温や送風、萎凋を行う場所など、気象状況に合わせた工夫が大切なのです。

中国式では、萎凋の最初にあえて日光に短時間あてる「日光萎凋」と呼ぶ方法が古くからあります。日光が茶葉の香り成分の一部によい影響を与えるという考え方にもとづく方法で、台湾の高級紅茶の一部などでも採用されています。またインド式でも手摘みした芽に自然と日光があたり、甘い香りを帯びた紅茶に仕上がることがあります。

Q
66

揉捻とはどんな工程ですか？

「揉捻(じゅうねん)」は、茶葉を機械で揉む工程です。紅茶においては、発酵を促進させるために茶葉の細胞壁に無数の小さな傷をつけることが、この工程の第一の目的になります。茶葉には「カテキン類」などの「ポリフェノール類」と、発酵を促進させる酵素「ポリフェノール・オキシターゼ」が多く含まれています。適切な萎凋を経て充分な柔軟性を得た茶葉は、揉捻の工程で揉み込んでも折れたり、ちぎれたりしにくく、まんべんなく表面に傷がつきます。これによって細胞壁が壊れ、ポリフェノール類に酸素が作用して発酵が進むのです。

　第二の目的は、茶葉の中にあるジュースを表面に染み出させ、全体に充分に行きわたらせることです。揉み込みが足りないとジュースが充分に行きわたらず、味や香りが淡泊で、印象の弱い紅茶になります。このような紅茶は、新鮮なうちは繊細な風味を楽しむこともできますが、劣化が早く、日もちがしません。

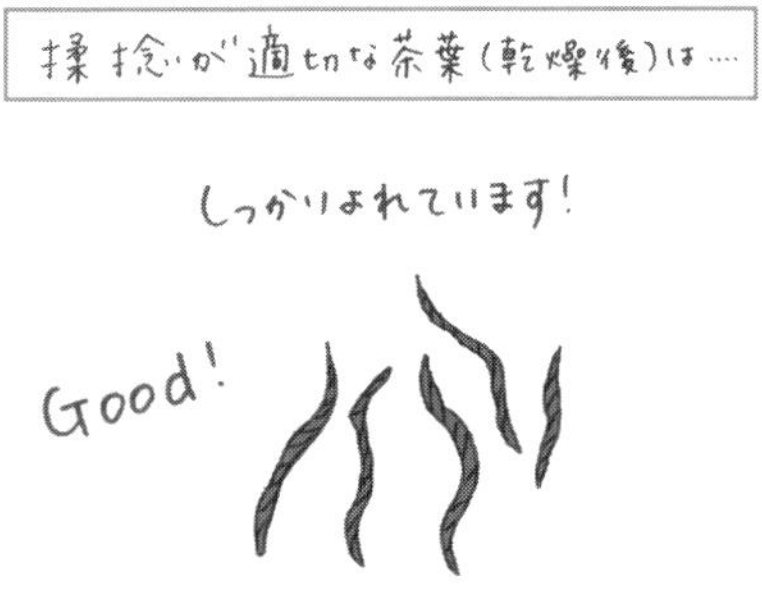

　第三の目的は成形です。揉捻によって茶葉はよれて表面積が小さくなります。きちんとよれていないと酸素にふれる部分が大きく、酸化しやすい日もちのしない紅茶になってしまいます。また、そのような茶葉は次の乾燥の工程で、茶葉の内部に残っている水分が表面に移る速度と、茶葉の表

揉捻が適切な茶葉(乾燥後)は…

しっかりよれています!

Good!

面から水分が飛ぶ速度にギャップが生じ、結果的に充分に乾燥しません。茶葉に残った水分は品質劣化の原因になります。揉んで形をととのえることは、見た目の問題ではなく、味と品質保持において大切なことなのです。

なお、適切に揉み込まれていない茶葉の見た目は、「Open」「Shelly」「Flat」「Flaky」などの審査

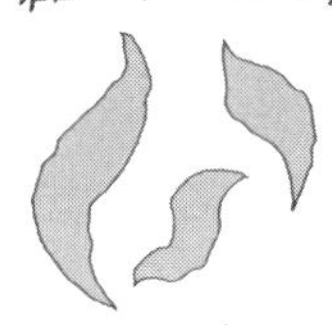

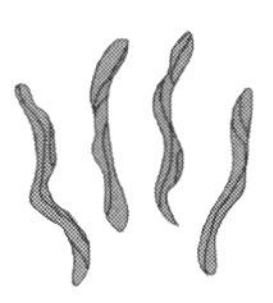

2つに折れています

FLAT

フレーク状で
よれていない

FLAKY

揉捻不良の茶葉（乾燥後）は…

用語で評価されます（萎凋が適切になされていないために、揉捻不良になることもあります）。

揉み込みが足りないのはもちろんですが、過度な揉み込みも問題です。意外なことに、揉捻しすぎた紅茶も味わいが淡泊になります。揉むことで茶葉表面にジュースを染み出させるわけですが、揉みすぎるとジュースが茶葉にとどまらずに流れてしまうのです。その結果、味の抜けたスカスカな紅茶になってしまいます。

揉捻では中国式とインド式で大きな違いがあります。インド式は、ある程度の渋みをよしとするため、この段階で基本的には茶葉をちぎります。一方で、中国式は何煎も抽出することを念頭に置くため、強すぎる渋みを避けます。したがって揉捻では原則的に茶葉をちぎることはせず、むしろちぎれないように注意を払います。中国式でも茶葉をちぎるケースはありますが、その場合は焙煎の工夫で渋みを抜くことが多いようです。

Q 67

発酵とはどんな工程ですか？

「発酵」は紅茶の製造工程のハイライトですが、実際には特殊で大掛かりな作業ではありません。風通しのよい涼しい環境の中で、ステンレスなどでできた発酵棚に揉捻後の茶葉を静置し、化学変化が進むのを待つのです。

発酵という化学変化は、茶葉中の「カテキン類」が酸化酵素である「ポリフェノール・オキシターゼ」の作用によって酸化結合することです。二つのカテキン類が結合したものが「テアフラビン」と呼ばれる紅茶の黄色い色みのもとで、三つ以上結合すると「テアルビジン」と呼ばれる赤い色みのもとになります。また、さらに結合が進むと「テアブラウニン」という褐色の色みのもとになります（テアルビジンとテアブラウニンの構造は2017年現在では解明されていません）。発酵していない茶の水色（茶液の色）は薄い黄色ですが、発酵が進むにつれて黄色から橙色、赤色へと変わり、さらに暗い褐色へと変化するのです。

一般に発酵していないカテキン類には収斂性、すなわち渋みがありますが、発酵によって生じるテアフラビンにも渋みがあることが知られています。テアフラビンは結合するカテキン類の違いでいくつかの種類がありますが、その種類によって渋みの強さが異なり、もっとも渋みの弱いテアフラビンは、紅茶の風味によい影響を与えることがこれまでの研究によってわかっています。テアルビジンは、水色のほかに紅茶のボディに寄与する成分であろうといわれています。

発酵の進み方は温度や湿度などさまざまな条件で変わりますが、あまり高温だと急速に発酵が進み、さらに発酵自体によって生じる熱（発酵熱）でいっそう発酵が加速してしまいます。発酵が進

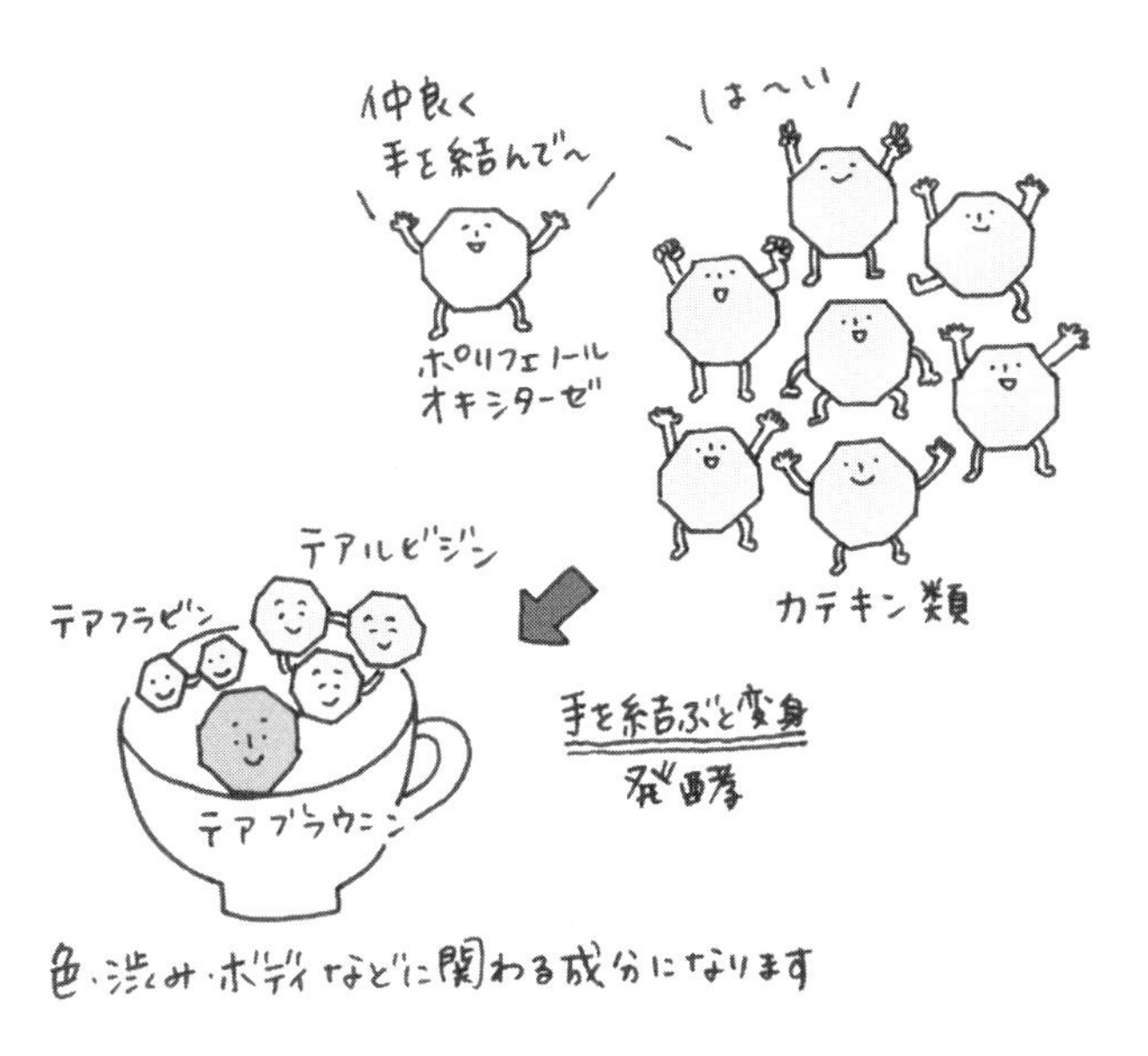

みすぎると、味は平板で淡白になり、水色は暗く沈んだ色になってしまいます。そのため、ある程度涼しい環境を選んで発酵させるのです。また、発酵がゆっくりと進むと、カテキン類の酸化だけでなくさまざまな化学変化が起こるため、複雑な香りになりやすいといわれています。

一方、20℃を下回るような環境下では、発酵はなかなか進みません。発酵が不足している場合には、カテキン類が酸化せずにそのまま残るため、渋みが強くなりがちです。また、香りにも青みが生じ、飲みにくい紅茶になってしまいます。

ただし、インド式ではダージリンのファーストフラッシュやヌワラエリヤなど、発酵が浅めで清涼感を前面に打ち出した紅茶もあります。逆に中国式では、紅茶は文字どおり水色の紅い茶であり、基本的にしっかりと発酵させるものという認識があるため、花香や果実香、スパイス香、穀物香を有する仕上がりを狙うのがポピュラーです。

Q 68

乾燥とはどんな工程ですか？

茶葉は熱を加えて「乾燥」させると、水分含有量が減り、水分を有することで生じる化学変化は止まるか、非常に緩慢になります。加えて、酸化酵素が熱で破壊され、酵素の働きが止まります。これを「失活（しっかつ）」と呼びます。

紅茶の乾燥には、おもに三つの目的があります。一つ目は酵素を失活させて発酵を止めることで、これを「殺青（さっせい）」と呼びます。二つ目は、水分含有量を減らし、腐敗を防いで長期保存に向くようにすること。三つ目は、焙煎によって、つくり手が理想とする香りや味わいに仕上げ、紅茶としての価値を高めることです。

中国式では、この三つの目的を遂行するために、乾燥工程は2〜3段階に細分化されています。まず行うのが殺青。殺青では茶葉の温度を85〜90℃に上げますが、殺青が完了しても水分は完全には抜けません。そこで次に、茶葉の温度をある程度下げてゆっくりと乾燥させます。ここで殺青と同程度かそれ以上の温度で乾燥させると、雑味が生じたり、香りが飛んだりと、茶葉に悪影響をおよぼす恐れがあります。最後に、水分が飛んだ茶葉を時間をかけて焙煎し、めざす風味に仕上げます。

一方、インドやスリランカなど、一つひとつの茶園が大量生産している国々では、コストや生産性の問題もあり、乾燥の目的を一度の作業で果たすのが通例です。具体的には、「連続式乾燥機」と呼ばれる大型の機械に茶葉を入れ、20〜30分程度加熱します。この方法で仕上げた紅茶は、茶葉をポットに多めに入れて、2煎、3煎と楽しもうとすると、渋みが強すぎたり、雑味が生じたりしてしまうのですが、1煎で抽出しきる方法で楽しむぶんには渋みや雑味はさして気になりません。

乾燥の目的を一度の作業で果たす方法で仕上げた紅茶の渋みを、積極的に評価する文化も広く根づいています。英国風のミルクティーやインドのチャイには、揉捻の工程で茶葉をちぎり、乾燥の工程を短時間で済ませた茶葉ならではの、渋みに由来する強いボディのある紅茶がよく合います。英国風のミルクティーやインドのチャイなどの飲み方が世界の多くの国で支持されていることも、紅茶の発祥の地、中国をしのいで、インド式の製茶が広く普及した理由の一つといえるでしょう。

ただし、近年、台湾や中国で「金駿眉（きんしゅんび）」や「蜜香紅茶（みつこう）」などの高価な紅茶がつくられるようになり、これまでのインド式全盛の流れとは一線を画す、中国式の再評価につながる動きも出てきています。また、日本で生産される紅茶の中にも、中国式の流れをくんだ乾燥を施したものが徐々に増えてきています。こうした紅茶は、インド式で製造された紅茶よりも濃醇な茶液を抽出することができるというメリットがあります。

乾燥の3つの目的

殺青	乾燥	焙煎
酵素を破壊 ↓ 発酵をSTOP	水分を抜く ↓ 腐敗を防ぎ、保存性をUP	理想の香りと味に仕上げる
酵素	水分 水分	

Q 69

等級区分・選別（ソーティング）とはどんな工程ですか？

「等級区分（グレーディング）」という言葉は、インド式と中国式で意味がだいぶ異なるため、ここでは「等級区分」と「選別」の両方の意味合いをもつ「ソーティング」という言葉を使います。

乾燥までの工程を経たソーティング前の茶葉を「荒茶（あらちゃ）」と呼びます。ソーティングは、荒茶に混ざった不純物や異物を除去し、ふるいにかけて大きさごとに選り分ける作業です。紅茶は自然の中で生育した茶葉を収穫し、加工していくものです。したがって、製造の過程ではさまざまな不純物が混入する可能性があります。茶樹以外の植物の葉や茎、茶葉と一緒に収穫された硬い茎や繊維なども異物であり、昆虫や石、またまれに金属などが紛れ込むこともあります。インドやスリランカな

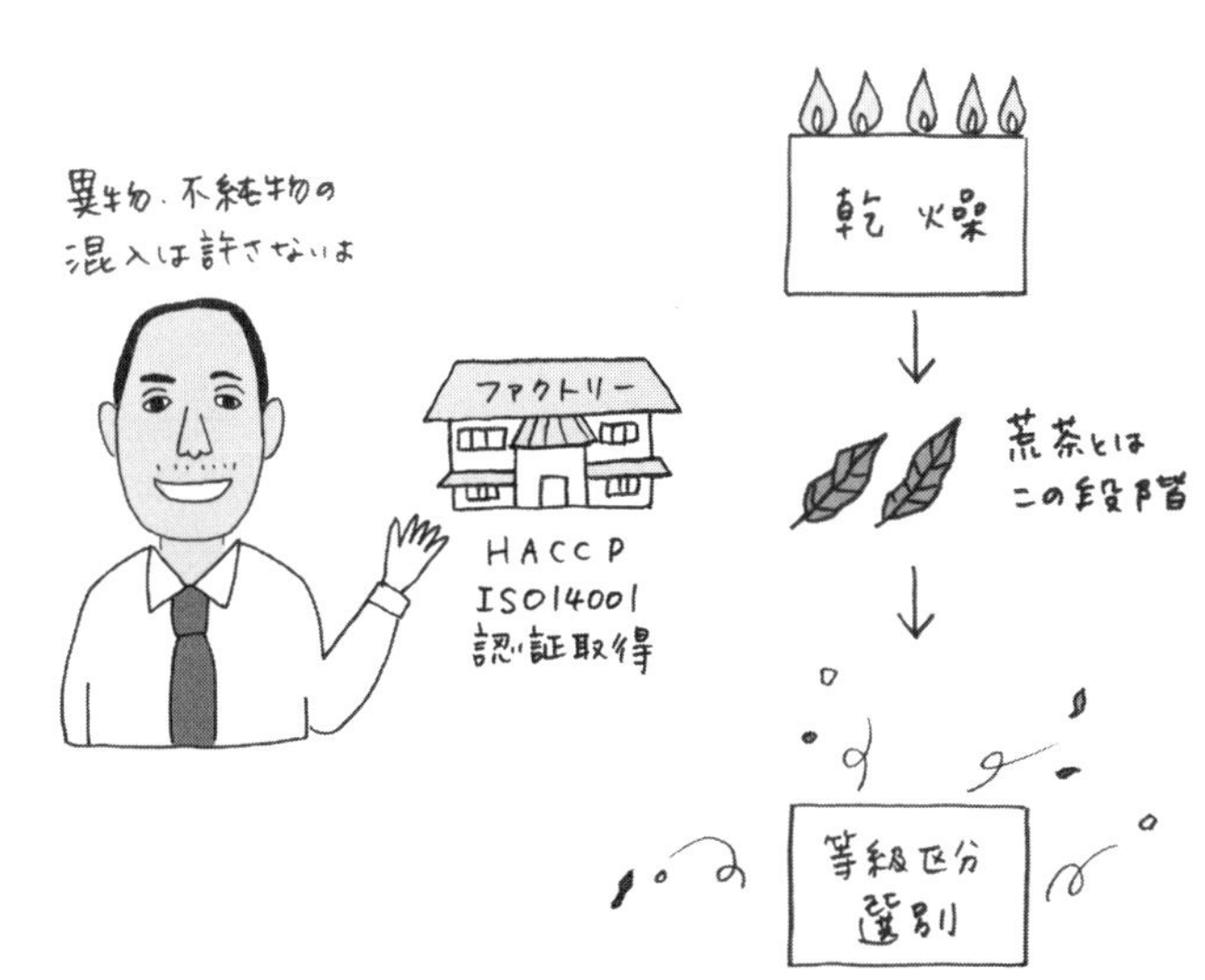

どの多くの農園ではHACCPやISO14001などの認証を取得し、異物の混入を防ぐために最大限の努力をしています。異物の除去には、静電気や磁気、風力などを利用した方法を用いるほか、色で異物を判断してそれを除去する「色彩選別機」を導入するケースも多く見られます。

次に、茶葉のふるい分けです。インド式の製茶では揉捻の工程において、多かれ少なかれ茶葉をちぎるので、荒茶の段階ではさまざまな大きさの茶葉が混ざっています。大きさの違う茶葉が混在したままでは、抽出したときに均一な味わいにならず、雑味も出てしまいます。また、ブレンドなどの加工にも向きません。そのため、大きさが不ぞろいな紅茶は半製品とみなされます。そこで荒茶は、風力や遠心力などを利用して重さを基準にふるい分けられ、そののちに製品として出荷されます。なお、でき上がった紅茶には茶葉の大きさによって「FTGFOP1」「BOP」「FBOP」などの等級がつけられます。

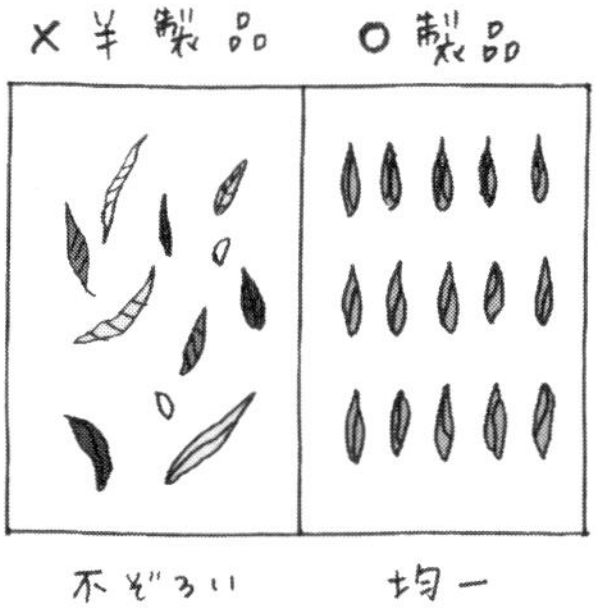

揉捻の際に茶葉をちぎるインド式はもちろん、茶葉を極力ちぎらない中国式でも製茶中に少なからず葉の大きさに違いが生まれ、硬い茎や繊維などが混ざることもあり、ソーティングは必須です。

なお、中国の紅茶については、この工程を等級区分と呼ぶのは不適切です。中国の場合、等級は茶葉の大きさだけでなく、使う茶葉の部位や質、茶液の味わい、香り、色なども等級区分における評価の対象となるからです。古い文献を見ると、かつては日本でも摘採する茶葉の部位で等級分けをしていた記録が残っていますが、現在ではこのような等級区分を行うのは中国のみです。

Q 70

ローターベインとは何ですか？

インド式の製法を採用している工場では、「ローターベイン」と呼ばれる機械を導入しているケースがあります。ローターベインは、茶葉に圧力をかけることで揉捻をしながら細かくちぎる機械で、一部のオーソドックス製法では揉捻機のあとに用いられ、CTC製法（Q71参照）ではCTC機で細かく裁断する前に用いられる場合があります。オーソドックス製法ではおもに、スリランカのハイグロウンのほとんどの製茶工場とミディアムグロウンの一部の工場で導入されており、これによって同地の等級では「BOP」「BOPF」「Dust 1」などにあたる細かなブロークンサイズの茶葉がつくられます。

オーソドックス製法でローターベインを導入している場合、萎凋後の茶葉を、まず揉捻機に通常よりも短時間かけてよれた形状と均一に湿った状態をつくり、それからローターベインに通して揉みながらちぎります。揉捻をしないままローターベインで圧力をかけると、もともと茶葉の中にあったジュースが茶葉全体に均一に行きわたらないまま絞られるようなかたちになり、紅茶の風味となる成分を充分に生かせません。そのためローターベインを使う場合でも、事前に適切に揉捻を行うことが大切です。

ローターベインを通った茶葉はふるいにかけられ、充分に細かくなったものは発酵の工程へ進み、それ以外はローターベインか揉捻機に再度かけられることになり、この工程は最大4回までくり返されます。ローターベインでは、茶葉のやわらかい部分から細かくなることや、通す回数が増えると茶葉の品質を損ねることから、機械にかける回数が少ないものが高品質な製品になります。

高地では気温が低く発酵が進みにくいために、ローターベインを使って茶葉を細かくすることで発酵を効率よく進めることができ、適度な渋みとボディのあるキャラクターに仕上がります。また、よれた形状と茶葉本来の成分を保つことで、品質を損なわずに製茶を進めることができます。こうした点もハイグロウンならではの風味を生かした紅茶づくりにマッチしているようです。

Q 71

CTC製法とは何ですか？

「CTC製法」はCTC機を用いた製茶方法のことで、それによってできた茶葉やその形状を「CTC」と呼びます。CTCという言葉は、「Crush（潰す）」「Tear（裂く）」「Curl（丸める）」の三つのワードの頭文字からなり、CTC機を通った茶葉はその名のとおり、潰され、裂かれ、丸められて、粒々とした独特の形状に仕上がります。CTC製法のおもな流れは、萎凋、CTC機による加工、発酵、乾燥です。場合によっては、CTC機に通す前に、茶葉をローターベインや揉捻機にかけることもあります。

　CTC機の構造の要はわずかな隙間を開けて並ぶ2本のローラーで、各ローラーには螺旋状の溝があり、山の部分が歯の役割を果たします。これらのローラーが内回りで回転することで、挟まれた茶葉は潰され、裂かれ、丸められるのです。

　CTC製法は、1930年ごろ、アッサムのアムーグリ茶園の管理責任者であった英国人のウィリアム・マックカーチャーによって発明されました。この発明は、より早く、より（色）濃く抽出したいという当時の消費者ニーズに応える製品である、ティーバッグの普及に欠かせない紅茶づくりを可能にしたという点で、エポックメイキングな出来事といえます。

　前述したように、CTCというワードは製法あるいはそれによってできた茶葉やその形状を指すものであり、等級を表すものではありません。CTCの紅茶に与えられる等級は、インドを例にすると、「ブロークン（Broken）」というカテゴリーに「BPS」「BOP」「BP」「FP」など、その下の「ファニングズ（Fannings）」のカテゴリーに「OF」「PF」「BOPF」などがあり、さらに細かい形状の「ダスト（Dust）」というカテゴリーにもさまざまな等級があります。サイズの細かいものは、とくにティーバッグ用として好まれています。

　CTC製法は、とりわけアッサムで盛んですが、このほかインドではニルギリをはじめとする南インドの産地、またアフリカ諸国やスリランカの一部の産地などでも導入されています。インドではCTCでつくられた紅茶の需要も高く、とくにグジャラート州はアッサム産の高品質なCTCが消費されることで知られています。アイスクリームとミルクティーが大好きというグジャラートの人々は地域愛、ひいては愛国心が強く、海外の有名ブランドの紅茶ではなくローカルブランドのCTCを買い求めるのだそうです。

　なお、アッサムのCTCの輸出先は、伝統的にロシアおよびCIS諸国、中東の国々、英国、アイルランドがメインですが、チャイ用の茶葉というイメージも強く、世界的なチャイ人気を受けて今後さまざまな国で人気が高まりそうです。

茶園の1年の活動について教えてください。

ダージリンのとあるオーガニック茶園を例に、茶園の1年を紹介します。

〔12月〕

生産を行わない時期ですが、茶園は休んでいるわけではありません。気温の低下とともに茶樹の成長が止まりますが、次の成長を担保する炭水化物が根に下がったタイミングを見計らって剪定（Q74参照）を開始します。剪定作業は1月まで続きます。なお、充分に剪定しないところも軽くととのえておきます。また、施肥（せひ）も行います。

〔1月〜2月〕

引き続き茶樹のメンテナンスの時期。排水路の掃除をしたり、きちんと機能しているかを確認したりするほか、虫害の予防施策なども行います。

【3月〜4月】

ファーストフラッシュの時期。春の雨に誘われて出てきた新芽を摘んで、春の紅茶を生産します。雑草の生育も活発化しますが、雑草取りは1年を通して適宜行います。


【5月】

4月の間から、茶樹は徐々に新しい芽をつけなくなります。約21日間続くこの状態を「バンジー」と呼びます。茶樹の形も乱れてくるので、ごく軽い剪定（「leveling」などと呼ばれます）をし、茶摘みを行う面をととのえます。早い区画では、5月末にはセカンドフラッシュがはじまります。


【6月】

6月上旬〜中旬はセカンドフラッシュの最盛期。セカンドフラッシュ終了後は、状況を見ながら、必要に応じてlevelingを行います。


【7月〜9月】

モンスーンの時期（だいたい8月まで）に入り、雨量が多くなります。この時期は「モンスーンフラッシュ」とも呼ばれますが、雨の多い時期の紅茶のため、品質の高い紅茶として注目されることはあまりありません。モンスーンが終わったころに、「Skiffing」（Q74参照）と呼ぶ剪定を一度行い、モンスーンが一段落したら施肥をします。


【10月】

気温も徐々に下がり、オータムナルを迎えます。「ダシャラ」「ディワリ」などの大祭が続き、祭りの時期は1週間ほど茶園は休みになります。


【11月】

秋に芽吹いた新芽でつくるオータムナルの時期が続き、オータムナルが終わると、その年の紅茶の製造は終了。忙しい1年はくり返されます。

Q 73

苗はどのように育てているのですか？

苗は一つひとつ、土の入った直径十数cm、高さ二十数cm程度の円筒状のポリエチレン容器に入れ、1ヵ所に並べて育てるのが一般的です。苗を育てるための場所を「苗床（なえどこ）」と呼び、英語で「ナーサリー（Nursery）」といいます。

苗床には藁や薄い布でできた天井を設けることもあり、これは大事な苗が強い日差しで傷まないように保護する役割を果たします。多くの場合、苗床は茶園ごとに有しており、どのような茶樹を増やそうと考えているのかなど、その茶園のビジョンが見えてくる興味深い場所でもあります。

苗を苗床でどれくらい育てるかは産地や品種、株ごとの成長具合によりますが、1年しないうちに茶畑に移植されることが多いようです。移植は、苗が時間をかけてしっかりと根づくよう、茶畑の土壌が充分に水分を蓄えた状態になったタイミングを見計らって行われます。移植後も経済的利用が可能になるまでは3年〜5年ほどかかり、人の子育てほどではないにせよ、「独り立ち」するまでには時間と手間がかかります。

「苗だと多品種混ざった状態で植えても問題なく育つのだけれど、成熟してくると、同じ品種どうしで植えたほうが上手くいくのです。幼いうちほど多様性に対して許容性があるのは人も同じ。似ていて面白いですね」と、あるダージリンの茶園のマネジャーが語っていたのが印象的です。

Q
74

剪定とはどんな作業ですか？

茶畑で行われる作業で、一般的にもっとも馴染みがあるのは茶摘みでしょう。茶摘みに携わる女性たちはとても手際がよく、一見、簡単な作業をしているように見えます。しかし実際には、茶摘みはなかなかたいへんな肉体労働です。茶畑での力仕事はほかにもあります。とりわけ重要な作業の一つが「剪定」です。これは茶樹の枝や幹を切る作業で、樹勢をコントロールして摘採などの作業をしやすい形に保つほか、不要な枝や病にかかった枝を取り除いて樹を健康に保ち、紅茶の品質向上につなげることなどを目的としています。

剪定のタイミングは、剪定後の成長を担保する養分が根に蓄積されているか、剪定後にどれくらいで回復するか、回復後にどれくらいの収穫量を必要としているかなどを勘案して決められます。

剪定の仕方には、地面近くから幹を切る「Collar Pruning」、樹高を保つために一定の高さで切る「Medium Pruning」、葉をつける枝部分を新しくするための「Light Pruning」、茶樹の上部を平らにならす目的で葉を切り取る「Skiffing」といった具合にいくつか種類があり、さらにSkiffingは「Deep Skiff」「Light Skiff」など作業の程度によって細分化されています。

どのような剪定を、どのような組合せで、どのようなサイクルで行うかは、茶園の環境や目的によって異なります。経営戦略とも密接に関連する失敗が許されない作業であり、経験、知識ともに豊かな管理者のもとで行うことが要求されます。

Q
75

害虫の攻撃を受けた茶葉がよい香りの紅茶なる場合があるって本当ですか？

単一栽培される多年性植物のチャノキは、人だけでなく、食植性の虫にとってもたいへん魅力的です。数多くの害虫がありますが、代表的なものはダニや蛾の毛虫に多く存在します。害虫たちは葉や枝、ときには樹皮や根を食べ、葉の汁を吸うなどして収量や品質の低下を引き起こし、結果的にチャノキを枯らしてしまうこともある悩ましい存在です。農薬の使用は有効な手段ですが、オーガニックへの関心が高まる昨今、ニーム（インドセンダン）をはじめ虫の嫌う植物を植えるなど、害虫の天敵に協力してもらえる豊かな生態環境づくりの工夫も重要な対策です。

しかしながら、すべての害虫が紅茶にとって望ましくない存在であるとは限りません。ダージリンやネパール、台湾、日本などでは虫の食害にあった葉（こうした葉を日本では「ウンカ芽」などと呼びます）から紅茶をつくると、極めて芳しいものができる場合があります。もっとも有名なのは、ダージリンのセカンドフラッシュに見られる「マスカテルフレーバー」をもつタイプの紅茶です。

いずれの場合も、よい香りが生まれる原理はこうです。「ウンカ（Green Fly）」とも呼ばれる「チャノミドリヒメヨコバイ（Empoasca onukii）」や、「スリップス（Thrips）」とも呼ばれる「チャノキイロアザミウマ（Scirtothrips dorsalis）」といった葉の汁を吸う害虫の攻撃に対し、チャノキは防御反応として有機化合物を生成します。生成されたものを「二次代謝物」と呼びますが、この物質が人間にはよい香りと感じられ、製茶の過程を経てブドウなどの果実のような甘い芳香となるのです。

なお、チャノキにはさまざまな外敵がいますが、よい香りのもとになる二次代謝物を生成するのは、おもにチャノミドリヒメヨコバイやチャノキイロアザミウマから攻撃を受けたときです。

TEA BREAK 6

茶園で働く人たちの紅茶の楽しみ方

お気に入りの紅茶を楽しみながら、ふと思うことはありませんか？「茶園の人たちも紅茶を飲んでいるのだろうか」、と。五つの産地のとある茶園の例を紹介します。

【インド・ダージリン】

多くの茶園で、ワーカーに対して月々決まった量の製茶された茶葉が無料で支給されます。管理職の場合は毎月500～800g。そのほかは毎月350gが平均的な量で、200～500gの間で年功によって支給する量に差をつけているケースもあります。茶園によっては支給する茶葉の量が年間生産量の2～3%にのぼることもあり、運営サイドからするとなかなかの負担です。支給された茶葉は各自家庭で使ったり、淹れたものを出勤時に持参したりして楽しんでいます。

【インド・アッサム】

茶園からワーカーに対して製茶された茶葉が月々で支給され、その平均的な量はダージリンよりも多く、おおよそ600g。また、茶摘みなどの仕事にあたるワーカーに対しては、休憩時間に飲む紅茶も支給されますが、その紅茶には塩が加えられていることがあります。アッサムは気温が高く、汗をよくかくため、失われた塩分を補給する目的でこのような「塩味ティー」がふるまわれるのです。

【インド・ニルギリ】

毎月１kgの茶葉が支給されます。また、割引価格で好きな量だけ茶葉を購入することもできます。ここでも茶摘みなどの仕事にあたるワーカーには、休憩時間に飲む紅茶が支給され、好まれるのは砂糖入りの紅茶です。

【スリランカ・ヌワラエリヤ】

管理職や社員は毎月１・５〜２kg、そのほかのワーカーには毎月５００gの茶葉が支給されます。工場では毎朝10時に「茶の時間」があり、ミルクティーがふるまわれます。茶畑で働くワーカーの間では、スタミナがつくという砂糖入りの甘い紅茶が人気です。

【ネパール】

インドほど茶園からワーカーへの茶葉の支給が仕組み化されていませんが、余裕のあるときに数百g〜数kgの間で茶葉を支給する茶園が多いようです。小規模茶園が多く、またワーカーが職場の近くに住んでいることも多いため、休憩時間には自宅に帰って一服というケースもあり、休憩時間の紅茶の支給もインドほど画一的には行われていません。

Q 76

大規模茶園はどのように組織化されているのですか？

北インドやスリランカ高地では、茶畑と製茶工場を敷地内にもち、チャノキの栽培から紅茶の製造まで一貫して行う大規模な「ティーエステート（茶園）」が多数存在します。これらは、おおむね複数の茶園を運営する大きな会社に属しており、本社はコルカタ（旧カルカッタ）やコロンボなどの都市部にあります。双方密に連携しつつ、本社はマーケティングに、茶園は生産に集中する分業体制が一般的で、どの国にどのような紅茶を売るかという本社側の判断が、茶園でつくられる紅茶のスタイルや風味に大きな影響をおよぼします。

ダージリンでは数社による茶園の寡占が進みつつありますが、それでも茶園のテロワールやマネジャーのカラーの違いによって、各茶園の個性は存在しています。茶園の内部組織は「スーパーインテンデント」や「マネジャー」を最高位とし、その下に「アシスタントマネジャー」や、茶畑を管理する「フィールドマネジャー」、工場を担当する「ファクトリーマネジャー」などの管理職が続きます。マネジャーの指示を受けたアシスタントマネジャーが発する言葉は、「Yes, Sir」のみ。指示を受けると目的地に急行します。強力なトップダウン方式が敷かれているため、マネジャーの影響力は絶大で、マネジャーが変わるとその茶園の紅茶の個性が変わることも多々あります。

しかし、かつて人気だった茶園のマネジャー職も、最近は肉体的ハードワークを嫌い、若手の志願者がなかなか現れないのだそうです。

Q77 できた紅茶はどのようなかたちで出荷されるのですか？

茶園の製茶工場内でソーティングまでの製茶工程を終えた紅茶は、そのまますぐに製品として出荷されるわけではありません。商取引を行いやすくするために、ある程度の量をまとめたうえで出荷されます。

このとき、茶園から製品として出荷するためにまとめる単位を「インボイス」と呼び、通常の商取引はこのインボイス単位で行われます。一つのインボイスの茶葉の量は、産地ごとの商習慣によって異なりますが、多くの場合はオークションに出品するために必要とされている数量に沿ったかたちで決められています。

ダージリンの場合は、かつては出荷の際に21kgの茶葉が入る容量の木箱が使われており、オークションに出すためにはこの木箱で5箱以上、つまり105kg以上が必要とされていました。その名残りもあって、今では多くの茶園で木箱から紙袋に変わっていますが、一つのインボイスの量はおおむね約100kgというのがポピュラーです。

スリランカでもかつては木箱が使われていましたが、今ではほとんどが紙袋で出荷されており、通常はこの袋を10袋もしくは20袋で一つのインボイスがつくられます。インボイスをつくるために必要とされる袋の数はティーボード(政府紅茶局)によって決められており、規定の袋数が等級によって異なるうえに、茶葉の大きさや形状の違いから1袋に入る容量も変わるため、インボイスの標準的な量は等級ごとに異なります。

たとえば、ハイグロウンの「BOP」であれば、一つの袋に約50kgの茶葉が入ります。そして、この等級の袋数は20袋と規定されているため、約50kg×20袋=約1000kg（約1トン）が基本的なインボイスの重量になります。同様に「BOPF」は58kg、「Dust 1」は60kg、「FBOP」や「Pekoe 1」などは35〜40kg前後の茶葉が入り、それらの1袋あたりの容量と規定された袋数に応じてインボイスの量が決まります。とはいえ、1回の製茶工程でぴったり100kgや1000kgの紅茶ができるわけではないので、実際には別々に製茶したいくつかの茶葉を組み合わせることで一つのインボイスがつくられています。この組合せ方も産地によって異なります。

別々に製茶したいくつかの茶葉を組み合わせて一つのインボイスをつくる場合は、そのインボイスの味や香りを均一化しなければなりません。こ

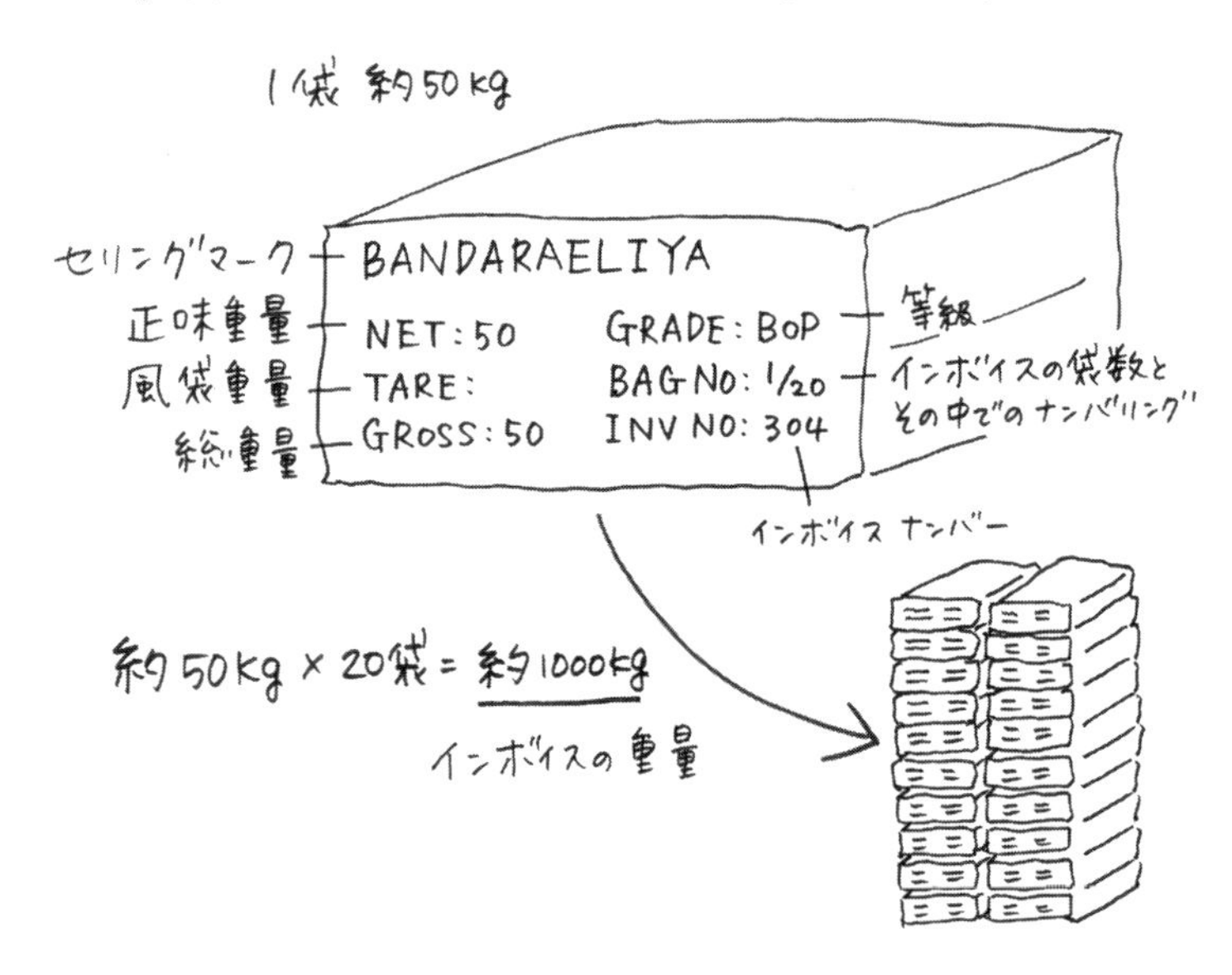

の組み合わせて均一化する工程を「バルキング」と呼びます。別々に製茶した茶葉は、作業の程度や環境の些細な違いでも味や香りが異なります。これらが同じ製品として売られてしまうと、たとえば5袋で一つの製品（インボイス）として売られたのにもかかわらず、最初の袋と5番目の袋の味が違うということにもなりかねません。このバルキングによって、別々に製茶したいくつかの紅茶が組み合わさり、一つのキャラクターになるのです。

ダージリンのように少量でインボイスがつくられる産地では、インボイスごとのキャラクターを際立たせるために、中国種系の品種だけのインボイスやクローンだけのインボイス、さらにはクローンの中でも「AV2」や「B157」といった単一品種のみのインボイスがつくられる場合があります。一方、スリランカでは一つのインボイスの量が多いため、品種などで分けてインボイスがつくられることはほとんどありません。ただし、製茶は茶畑の区画ごとに分けて行われるため、どこの区画から摘んだ茶葉が多いか、その区画にはどの品種が多いか、どのような気候条件のもとでつくられたかなど、さまざまな要因によってインボイスごとに紅茶のキャラクターは異なります。

前述したバルキングの工程を経た茶葉は、最後に「ギャッピング」といわれる乾燥作業を経て水分量を調整し、保存性を高めてから紙袋や木箱などに詰められます。この紙袋や木箱に詰める「パッキング」と呼ばれる作業を経て、ようやく製品としてのインボイスのキャラクターが確定します。さぁ、いよいよ茶園から出荷する準備がととのいました。

Q 78

セリングマークとは何ですか？

シングルオリジンティーは多くの場合、生産者名として「茶園名」が表記されています。しかし、シングルオリジンティーではあるものの、茶園名とは別の名前で茶園から出荷されることがあります。この名前が「セリングマーク」です。セリングマークは、いわゆるブランド名ともいえますが、中には複数のセリングマークをもち、茶葉の違いなどによって使い分けていることもあります。

セリングマークが単なるブランド名として用いられているケースは、スリランカで多く見られます。よく知られている例を挙げると、「ラバーズリープ」や「マハガストータ」のセリングマークをもつペドロ茶園、「ケンメア」のコンコルディア茶園、「インヴァネス」のヌワラエリヤ茶園、「ボンバガラ・ウバ」のダウンサイド茶園、「バンダラエリヤ」のダンバテン茶園などです。ペドロ茶園ではブローカー（Q80参照）によってセリングマークを使い分けており、紅茶のクオリティや茶葉の性質とはいっさい関係がありません。

しかし、ローグロウンの一部の茶園では、紅茶のクオリティによってセリングマークを使い分けていることがあります。ルンビニ茶園の「ルンビニ」と「ルンビニ・ワッタ」、アヴィッサウェラ茶園の「シタカ」と「アヴィッサウェラ」などがその一例です。

一方、インドでも複数のセリングマークを使い分けるケースがあります。グームティ茶園は「グームティ」と「マスカテルバレー」のセリングマークをもち、どちらがつくかはフィールドの区画で決まります。

また、一度消滅した茶園名がセリングマークのようなかたちで復活するケースもあります。サングマ茶園では、中国種系の品種を中心とする茶葉を使ったものに「サングマ」、良質なクローンだけを選りすぐったものに「タルザム」というセリングマークがつきます。リッシーハット茶園も、「リッシーハット」と「ライザヒル（またはリザヒル）」という二つのセリングマークをもち、良質なクローンにはライザヒルのセリングマークがつきます。タルザムもライザヒルも、もともとは独立した茶園でしたが、やがてそれぞれサングマ茶園とリッシーハット茶園に統合され、茶園名としてはいったん消滅しました。しかし、フィールドの区画名として残され、のちに「品種」という新たなコンセプトのもとで茶園名がブランド名として復活した経緯があります。

消費者にとっては混乱してしまいがちな独特の仕組みですが、セリングマークが紅茶そのものの個性を読み取るカギとなる場合もあります。この仕組みを知っておくと紅茶選びのヒントにもなり、紅茶を選ぶ楽しみも増えるかも知れません。

Q 79 インボイスナンバーとは何ですか？

「インボイスナンバー」とは、茶園から出荷される際、出荷単位（インボイス）ごとにつけられる固有の番号です。インボイスナンバーが同じものは、たとえその総重量が1トンであっても、どこをとっても同じキャラクターの紅茶です。逆にインボイスナンバーが異なるものは紅茶のキャラクターも異なり、まったく別の製品として扱われます。インドやスリランカの紅茶は、どの産地のものでも茶園から出荷される際にインボイスナンバーがつけられ、この番号によって商取引が行われています。

たとえばインドでは、ダージリンの紅茶には「DJ」（一部「EX」などの表記もあります）、アッサムなどのオーソドックス製法の紅茶には「OR」、CTC製法の紅茶には「C」などのアルファベットがつき、それらのあとに、その年のはじめに出荷されたものから順に数えて「DJ1」「DJ2」などのように数字が割り当てられます。

スリランカではアルファベットは用いませんが、インドと同様、茶園ごとに出荷された順に数字のみのインボイスナンバーがつけられます。スリランカでは4月を年度初めとする商習慣が一般的なことから、多くの茶園で4月1日以降に出荷されるものから順に数字が割り当てられます。

ブレンドや着香などの加工を施していないシングルオリジンティーには、販売店が明示しているか否かにかかわらず、もともとはインボイスナンバーがついています。インボイスナンバーが一つ違うだけで、つくられた環境や製茶工程、使われている品種などが異なるため、同じシーズンの同じ茶園の紅茶であっても、ときには驚くほど風味などに違いがあります。中には、ブレンドの原料とすることで初めて価値を発揮する紅茶もあれば、ブレンドをしなくても産地や季節の特徴がよく現れている完成された紅茶もあるなど、じつに多様な個性の紅茶がつくられているのです。

インボイスナンバーそのものに紅茶のキャラクターやクオリティを読み取る情報はほとんど含まれていませんが、こうしたインボイスナンバーの成り立ちを知っておくと、紅茶が本来もっている農産物としての側面を理解でき、よりいっそう紅茶の楽しみ方が広がるかもしれません。

Q 80 紅茶の流通にはどんな人が携わっているのですか？

多くの紅茶の生産国では、茶業が国の基幹産業の一つとなっており、その国にとって大事な産業を守るためにティーボード（政府紅茶局）が設置されています。紅茶の流通はこのティーボードの管理下に置かれ、そこに登録された自国の業者を中心に取引がされる仕組みになっています。ここでは、生産国内で紅茶の流通に携わる業者のうち、「ブローカー」「バイヤー」「エクスポーター」の役割について紹介します。

〔ブローカー〕

生産者（茶園）とバイヤーを仲介する役割を担っているのがブローカーです。生産者はかならず特定のブローカーと契約を結んでおり、ブローカーは契約茶園から請け負った一つひとつのインボイスの販売先を、多くのバイヤーの中から決めるのがおもな仕事です。販売先は、おもにオークションを通して決められます。「オークション会場で木槌を片手に次々と落札者を決めていく姿」を想像するとイメージしやすいかもしれません。

ブローカーの仕事は、実際のオークションで落札者を決める以外にも多岐にわたります。たとえば、契約した茶園からインボイスのサンプルを集めて管理、すべてのインボイスをテイスティングして適正な流通価格を評価、オークションに出品されるインボイスを掲載したカタログを作成、オークションの参加者にカタログやサンプルを配布、といったこともブローカーの仕事になります。

ブローカーは、契約茶園から日々届く膨大な数の紅茶の一つひとつについてこうした作業を重ねることで、スムーズな流通市場を形成するのに大きな役割を果たしています。数多くの生産現場や多様なマーケット参加者を俯瞰し、市場の中心的な役割を担っている立場であるため、公的な機関に近い役割を果たしている業者といえるかもしれません。マーケットの動向を熟知していることから、バイヤーへの情報提供はもちろん、生産者に製茶のアドバイスをすることもあります。

〔バイヤー〕

ブローカーからのオークションのサンプルや、茶園（もしくは茶園を経営する会社）から出荷されるインボイスのサンプルを集めておもに海外の取引先に送付し、生産国内での買い付けを代行するのがバイヤーの主要な仕事です。バイヤーは、世界的な紅茶ブランドや大手商社の現地法人から個人事業の小さな業者までさまざまですが、すべて各国のティーボードに登録された現地の業者です。オークションに参加できるのも登録バイヤーに限られており、海外の業者が直接参加することはできません。そのため、オークションに出品されたものを落札する場合は、登録バイヤーに委託することになります。バイヤーの中には取引先の代行ではなく、自社でインボイスを買い付けて取引先に販売するケースもあります。また、多くの登録バイヤーはエクスポーターを兼ねており、買い付けた紅茶の輸出業務にも携わっています。

〔エクスポーター〕

生産国からの輸出業務を行う業者がエクスポーターです。紅茶を輸出する際にはすべてティーボードへの届出が必要で、エクスポーターとしての登録をしている業者がこの業務を行っています。多くの場合、前述のバイヤーがエクスポーターを担っていますが、国によっては茶園を経営する会社がエクスポーターを兼ねて輸出業務を行うこともあります。日本を含めた海外（生産国外）の業者は、かならず現地の登録バイヤーかエクスポーターを兼ねている生産者（茶園を所有している会社）を通して紅茶を買い付けることになります。

Q 81

紅茶はどのように取引されているのですか？

紅茶の取引のスタイルは国によって少しずつ異なります。ここでは、スリランカとインドを例に紹介します。

〔スリランカ〕

スリランカにおける紅茶の流通は、公的な「パブリックオークション」が中心です。ティーボード（政府紅茶局）によってオークションでの取引が推奨されており、生産された紅茶の98％がオークションを通して取引されています。

茶園で生産された紅茶は、インボイスがつくられるとすぐにブローカーに送られ、オークションカタログに掲載する手続きが進められます。オークションに参加する資格をもつ登録バイヤーは、前もってブローカーからオークションカタログに掲載されるインボイスのサンプルを受け取り、おもに海外の取引先にサンプルを送ります。取引先はそれらのサンプルをテイスティングし、気に入った紅茶があれば登録バイヤーに希望価格を伝えてオークションで落とすよう依頼します。

スリランカのオークションは毎週コロンボで開かれ、8社のブローカーが、それぞれの契約茶園から集めた一つひとつのインボイスをオークションにかけて販売先を決めていきます。平均で週に1万種類以上のインボイスが、重量にすると6000トン以上もの紅茶がこのオークションで流通することになります。1分に4～5種類のインボイスの販売先が次々と決まっていく様は圧巻です。コロンボのオークションは、世界でもっとも取扱量の多いオークションとして活況を呈しています。

一方、流通量は少ないものの、オークションを通さずに取引される場合もあります。これは、「パブリック」なオークションに対して「プライベートセール」と呼ばれており、オークションカタログに掲載される前の紅茶を中心に取引されます。スリランカでは、製茶された紅茶はすぐにインボイスをつくり、オークションカタログに掲載する手続きが進められるため、これらの取引の対象となる紅茶はとても限られます。このプライベートセールは、海外の業者がサンプルのやり取りをしながら買い付けをするには実質的に不可能な取引方法といえます。プライベートセールにおいてもブローカーを介するかたちとなり、価格も市場価格を参考にしてブローカーが決めます。

このほかにも、製茶される前に生産者との間で量や価格を決めて売買契約を交わす「フォワードコントラクト」や、生産者と直接交渉をする「ダイレクトセール」といった取引方法もありますが、流通量としてはさほど多くはありません。

【インド】

インドではブローカーを通さずに生産者と直接取引をする「ダイレクトセール」が盛んです。とくに、ダージリンでは60%以上の紅茶がダイレクトセールで取引されています。また、茶園を経営する会社が輸出業務を行っている場合も多く、現地の登録バイヤーのみならず、海外の業者でも直接買い付けることができます。

このダイレクトセールでは、クオリティの高い紅茶が手に入る一方で、売り手との1対1の交渉になるため、価格は高くなる傾向にあります。クオリティシーズン（紅茶の旬の時期）になると、インボイスがつくられたそばから売れていくことも多く、日本でサンプルをテイスティングしたあとに交渉しようとするとすでに売れてしまっていたということも少なくありません。

一方、インドでのオークションを通した取引は、全流通量の50%程度といわれています。基本的なオークションの仕組みはスリランカと同様で、18社のブローカーに集められたインボイスを現地の登録バイヤーが買い付けるかたちになります。インドは国土が広く、産地が点在しているため、コルカタ(旧カルカッタ)やシリグリ、グワハティ、コーチンなど9ヵ所でオークションが行われています。このうちダージリンのオークションは、2016年の6月から全面的にオンライン取引に移行されています。今後、ほかの産地でも徐々にオンライン取引に移行する計画がある一方で、一部ではバイヤー間の交流や情報交換をする場がなくなったとの声もあり、この先の紅茶の流通に多少なりとも影響が出てくることがあるかもしれません。

どの国でも取引は基本的にインボイス単位で行われますが、紅茶を買い付ける日本の業者のすべてがインボイス単位で購入可能な事業規模とは限りません。インボイスに満たない量を生産国から買い付ける場合は、登録バイヤーがオークションやダイレクトセールで買い付けたストックの中から選ぶか、もしくは登録バイヤーを通してプライベートセールで少量を買い付けることになります。ただし、規定のインボイス量に満たない取引をしたがらない茶園や登録バイヤーも少なくないため、選択肢が限られる場合があります。

PART 5
紅茶をもっと知るために

Q 82

ゴールデンティップ、シルバーティップとは何ですか?

「ゴールデンティップ」「シルバーティップ」とは、いずれも紅茶の芯芽のことです。揉捻(じゅうねん)の際、芯芽をあまり強く揉まないと、その後、乾燥させたときに芯芽の表面の産毛が銀色に輝きます。こうした芯芽をシルバーティップと呼びます。一方、芯芽をある程度強く揉み込むと、茶葉の中にもともとあるジュースが染み出し、染み出たジュースが乾燥すると芯芽の表面が黄金色に染まります。こうした芯芽をゴールデンティップと呼びます。揉み方によって芯芽の色が変わるのです。

茶摘みでは新たに伸びた若い芽を摘み取るため、芯芽はかならず混じるのですが、製茶された茶葉の中から芯芽を探し出すのは案外難しいことです。それは、芯芽を強く揉みすぎると、ゴールデンティップにもシルバーティップにもならず、黒く変色してしまってほかの葉などと見分けがつかなくなるからです。また、細かいサイズに仕立てられた紅茶の場合は、芯芽も粉砕されているため、形から芯芽を探すこともできません。

じつは、ゴールデンティップとシルバーティップは、もともと前者は「オレンジペコー」、後者は「フラワリーペコー」という名前で呼ばれていました。インド視察から戻ったばかりの多田元吉が1878年(明治11年)に著した「紅茶製法纂要」には、「彩花白毫(フラワリーペコー)」は貴重な芯芽で、それが入ると紅茶の価格が上がるといったことが書かれています。また、1900年に村山鎮によって著された「茶業通鑑」には、彩花白毫を揉んでジュースを染み出させると、より香りの豊かな「橙黄白毫（オレンジペコー）」になるといった主旨の記述があります。明治期の日本でも多田や村山のような指導者は、芯芽の価値が高いことから、製茶の際にはこれらを大切にするようにと、日本の茶農家に説いたのです。

ところが、オレンジペコー、フラワリーペコーという言葉には、特定の部位を示す以外に、等級としての意味もありました。多田の「紅茶製法纂要」には、芯芽とその下の2枚の葉までを摘んだ紅茶は「白毫（ペコー）」という等級で流通しているという記述があり、同様に現在でも使われている「OP（Orange Pekoe）」や「FP（Flowery Pekoe）」という等級も、もともとは一定の部位を摘んだ紅茶に使われる等級であったと推察されます。

しかし、インドやスリランカでは、紅茶の等級が原葉（げんよう）の部位ではなく、できた茶葉のサイズや形状を表すようになったため、もともとの意味が希薄になり、後代になって、部位には「ゴールデンティップ」「シルバーティップ」という新たな用語が与えられたのです。こうしてみると、ダージリンの主要等級である「FTGFOP1（Fine Tippy Golden Flowery Orange Pekoe One）」などは、ワードのほとんどが芯芽に対する形容詞であり、いかに芯芽の多寡が重要であったかを示しているといえるのかも知れません。

シルバーティップとゴールデンティップが多く入っている紅茶は、今でも高値で取引されています。それには、見た目の美しさもさることながら、「成長点」（茎や根の先端にあって、活発に分裂して新しい組織をつくる部分）を食すことで健康に、ひいては長寿になるという信仰が世界中のさまざまな地域にあることも関係しているようです。日本でも春先にタラノメなどの山菜を食すとき、「長生きするから」といい慣わされていますが、世界の多くの人々は紅茶にそれを求めたのです。

Q 83

紅茶の香りの正体は？ 〜その1〜

紅茶の風味はさまざまな成分によってもたらされます。それらの成分の中で、揮発して空気中に広がり、嗅覚に感知されるものが香りのもととなり、紅茶を含む茶全体では600種類ほどの香りの成分があるといわれています。この中で主要な香り成分は、左記の四つに由来するものであることが、近年知られるようになりました。

❶カロテノイド由来の香り
❷脂質由来の香り
❸配糖体（グリコシド）由来の香り
❹メイラード反応由来の香り

ここでは、まずカロテノイド由来の香りと脂質由来の香りについて解説します。

❶カロテノイド由来の香り

カロテノイドは、赤色、橙色、黄色をもたらす天然色素であるとともに、香りのもととなる成分でもあります。原料となる生葉の中に含まれるカロテノイドが、製茶工程によって変化し、香り成分のもととなるのです。紅茶に含まれるカロテノイド由来の代表的な香り成分の一つは、「βダマセノン」です。これは、ブルガリア産のダマスクローズを使ったローズオイルから発見された香り成分で、バラもしくは焼いたリンゴの香りと表現されます。

「βヨノン」もカロテノイド由来の代表的な香

り成分です。βヨノンは、発酵の工程でβカロテンから生成され、ウッディな香り、もしくはスミレの香りなどとと表現されます。βヨノンはそれ自体も香り成分ですが、さらに「ジヒドロアクチニジオリド」「テアスピロン」といった物質に変化し、これらも紅茶の主要な香り成分になります。

ジヒドロアクチニジオリドはフルーティーな香りの成分で、たばこやマンゴーなどにも含まれています。テアスピロンはフルーティーな香りやナッティな香りをもたらす成分です。このほか、「ネロリドール」(花の香り)、「サフラナル」(サフランのようなハーバルな香り)、「ゲラニルラクトン」(甘い花の香り)、「リナロール」(スズランの香り)も、カロテノイドから生成される香り成分です。

カロテノイド由来の香りは、おもに土壌の中の栄養素が関係するもので、ゆえに肥料の投与によってその香りを高めることができます。国産紅茶にはカロテノイド由来の香りが多量に含まれているケースが少なくありません。

❷脂質由来の香り

ほぼカロリーのない飲みものである茶に脂質が含まれているといわれると意外かも知れませんが、脂質は茶の品質に関わる重要な要素です。脂質の多い茶は、見た目もツヤツヤしています。それは、生葉でも製茶したあとの乾燥茶葉でも、あるいは茶液や茶殻でも同じで、ツヤがあることはよい茶の証といえます。そう判断できる根拠の一つは、ツヤが香り成分と直結しているからです。

脂質由来の香りのうち、もっとも大切なのは若葉の香りのもととなる「青葉アルデヒド」(「トランス3ヘキセナル」と「トランス2ヘキセナル」)です。茶葉は、青葉アルデヒドのほかに、「青葉アルコール」(「シス3ヘキサノール」)と呼ばれる、夏草を踏んだときに漂うような香りの成分も多量に含んでいますが、青葉アルコールの香りは「青臭み」とも感じられ、好き嫌いが分かれます。しかし、この青葉アルコールも、酸化によって青葉アルデヒドに変化し、涼やかな若葉の香りとして感じられるようになります。

緑茶や烏龍茶の生産者は、日本でも海外でも青葉アルデヒドが増すように、脂質を含む肥料を投与することが少なくありません。青葉アルデヒドは紅茶にとっても好ましいもので、ダージリンのファーストフラッシュを象徴する緑がかった涼やかな香りは、この成分によるものです。なお、青葉アルデヒドは茶葉のほか、ホウレン草やクローバー、ブナ、クリ、カシの葉、タラノメ、またビールに使われるホップにも含まれています。

脂質由来の香り成分では、「ジャスモン酸メチル」も特筆されます。この成分には2タイプの構造（異性体）があり、それぞれ香りが異なります。仮に、ジャスモン酸メチルの異性体を「Aタイプ」と「Bタイプ」と呼ぶことにします。Aタイプは、品のよい、甘いミルクのような香り（加熱して生じる乳臭さではなく、低温殺菌牛乳のような香り）をもたらします。緑茶や烏龍茶に時折感じられるものです。一方、Bタイプは、Aタイプが加熱によって変化したもので、こちらはジャスミンのような華やかな花の香りを強く放ちます。Bタイプのジャスモン酸メチルは、火入れの強い烏龍茶や紅茶に含まれていることがあります。

九州でつくられる国産紅茶や台湾紅茶には、ジャスモン酸メチルを多く含むものが少なくありません。釜炒り緑茶や烏龍茶づくりのための肥料を使用した畑の茶葉を、紅茶づくりに転用することがあるからです。「べにふうき」や「みなみさやか」、「金萱（きんせん）」などの品種を使い、春の一番茶では緑茶や烏龍茶をつくり、二番茶では紅茶をつくるようにすると、ジャスモン酸メチルがもたらす香りが際立った紅茶ができます。インドやスリランカなどでは施肥（せひ）をあまり多く行わないため、ジャスモン酸メチルによる香りは国産紅茶や台湾紅茶ならではの特色ともいえるでしょう。

Q 84

紅茶の香りの正体は？ ～その2～

続いて、配糖体（グリコシド）由来の香りとメイラード反応由来の香りについて解説します。

❸ 配糖体（グリコシド）由来の香り

配糖体は、製茶や抽出の過程で分解され、揮発性の香り成分や糖分になり、茶液の中に解き放たれます。したがって、配糖体を多く含む紅茶は香り高いだけでなく、繊細な甘みも感じられます。

配糖体の生成される量は、茶畑の立地する標高と関係があります。茶葉は紫外線から身を守ろうとして配糖体を含むフラノボイドを生成しますが、標高が高い場所ほど紫外線の影響が強いため、生成されるフラボノイドの量も多くなるというわけです。インドのダージリンやニルギリ、スリランカのハイグロウンの産地は、標高が1000mを超え、場合によっては2000mを超えます。そうした産地の茶葉は、紫外線によるストレスを強く受けるため、配糖体由来の香り成分を多く含んでいます。

配糖体由来の香り成分は、「リナロール」「ゲラニオール」「リナロールオキシド」「サリチル酸メチル」「ホトリエノール」などが代表的です。

リナロールとゲラニオールは、ともに「ゲラニル2リン酸」という物質から生成されます。リナロールはスズランのような香り、ゲラニオールはバラのような香りで、どちらも紅茶にとっては重要な香り成分です。なお、リナロールは配糖体由来のほかにカロテノイド由来でも生成されます。

　リナロールオキシドにはいくつかの種類があり、花の香り、クリーミーな香り、土のような重たい香りであったりします。またサリチル酸メチルは、グレープフルーツなどの柑橘類やミント、アーモンドなどにも含まれる清涼な香りの成分で、紅茶においてもさわやかな香りをもたらします。一方、ホトリエノールは、紫外線によるストレスからではなく、茶樹が「ウンカ（Green Fly）」

から身を守ろうとする防御反応によって生成される成分で、ハチミツの香りをもたらします。なお、名高いダージリンの「マスカテルフレーバー」は、ホトリエノールをはじめとする配糖体由来の香り成分が中心となり、ほかの香り成分と織り交ざることで生まれる香りです。

❹ メイラード反応由来の香り

メイラード反応とは、還元糖とアミノ酸が加熱によって化学反応し、褐色の物質を生み出すことです。できた物質は香り成分の一つとなり、その香りはロースト香、カラメル香、ナッツ香、チョコレート香、穀物香などとたとえられます。大雑把にいうと、「香ばしい」と表現されるような、茶色っぽい物質の香りです。加熱によって生じることが多いため、揉捻や発酵、乾燥などの製茶の工程で生成されます。

シングルオリジンティーの場合、テロワールがよく表現されている紅茶に高い価値が見出されることが多いため、製茶工程のメイラード反応によって生まれた香りが主役となるような紅茶は、あまり高く評価されない傾向にあります。しかし、中国紅茶に関しては、メイラード反応で生成される香りが主役でありながら、高級品として扱われる紅茶も少なくありません。祁門（きーむん）紅茶や雲南紅茶の香りは、メイラード反応由来の香りが主役と考えられています。

Q 85

紅茶の味にはどんな成分が関係していますか？

紅茶にはさまざまな成分が含まれており、これらは揮発性の成分と不揮発性の成分に分類されます。揮発性の成分は香りをもたらしますが、不揮発性の成分の中には紅茶の味に関与するものが多くあります。

紅茶にもっとも多く含まれているのは、渋みなどをもたらす「カテキン類」です。茶液に含まれる成分全体の40％前後がカテキン類であるといわれており、その数値にはカテキン類のほか、「テアフラビン」や「テアルビジン」などカテキン類が重合した成分も含まれます。カテキン類はその種類によってもたらす渋みが異なり、キレやボディなどとして感じられるような好ましい渋みの場合もあれば、不快に感じる渋みである場合もあります。

なお、紅茶に含まれるカテキン類については、さまざまな健康効果が報告されていますが、中でもよく知られているのが、抗酸化作用や抗菌作用です。一説には、アイスティーは風邪やインフルエンザの予防にあたり、うがい薬以上の効果があるともいわれています。

紅茶には「カフェイン」も含まれており、この成分は紅茶の苦みに寄与しています。紅茶1カップ（150cc）に含まれるカフェインの量は、18～54mgで、同量のコーヒーと比べて3分の1～2分の1程度の量といわれています。

「糖類」も紅茶の重要な成分です。成分表で見る限り、紅茶はカロリーがほとんどない飲みもので、茶液100gあたり1キロカロリー程度のため、意外に思う人もいるかもしれません。紅茶に含まれる糖類は、おもに「ブドウ糖」「果糖」「ショ糖」で、これらが繊細な甘みをもたらします。糖類は香り成分とともに生成されるものもあるため、香りの高い紅茶は同時に上質な甘みを有することが多いようです。

「アミノ酸」の一種である「テアニン」は、紅茶にうまみをもたらす成分です。成長中のチャノキに含まれるテアニンは、日光にあたると最終的にカテキン類に変化するため、紅茶の場合、テアニンの多くは結果的に渋みをもたらします。しかし、茶葉にまだ成熟していない芽が多く含まれていたり、栽培段階で霧などによる自然の遮光があったりすると、紅茶の中にテアニンが残ってうまみをもたらし、そのうまみによって渋みや苦みが、深みやまろやかさに変わることがあります。また、紅茶には「グルタミン酸」や「アスパラギン酸」などほかのアミノ酸も含まれており、これらもうまみをもたらす成分です。なお、グルタミン酸やアスパラギン酸などは、うまみと同時に酸味にも寄与しています。ただし、過発酵の紅茶にはどちらかというと不快な、強い酸味が感じられるケースがありますが、この酸味の正体については、まだきちんと解明されていないようです。

ここで紹介した成分は、茶液中に含まれる分量としては各々わずかです。また、原料や製法などによって紅茶の各成分の割合には大きく違いが生じますし、どの成分が多い、少ないと一概にいうことはできないようです。

Q 86

アロマホイールとは何ですか？

アロマホイールとは、ある特定ジャンルの飲みものの香りを表現する評価用語を、円の中に配置した図のことで、もともとは1979年にビールの香りを表現するツールの一つとして考案されました。ビールやワイン、茶、コーヒーなどの嗜好品には多様な香り成分が含まれていますが、香りの表現は人によってさまざまです。そこで、その飲みものに含まれる代表的な香りを、身近なものの香りにたとえて多くの人が共有しやすい評価用語とし、その飲みものに関わるさまざまな立場の人たちが共通の表現をもつことで、風味についてコミュニケーションをとりやすいようにしようというのが、アロマホイールの目的です。

たとえば、研究者や生産者は、ある香りがどのような成分に由来し、どのように生成されるのかについて、多くの知見を有しています。一方で、消費者や飲食業者、小売業者などは、どのような香りが人々に好まれ、市場性が高いかなどについて、研究者や生産者よりも熟知していることも少なくありません。そうした立場の異なる人たちが、香りに関する共通の表現をもつことによって、製造技術や品質、提供方法など互いの改善につながる具体的な意見交換ができるようになるのです。

香りと香り成分を結びつけて考えられる生産者であれば、製茶において、次の製造工程に移るタイミングを見極めるときにもアロマホイールを活用できます。たとえば、萎凋（いちょう）を終えて揉捻に移るタイミングとして、「青草の香りが消えて、若葉やスズランの香りがしはじめたとき」という目安を定めておけば、製造の一助となるでしょう。

また、紅茶に食べものを合わせるときにも、アロマホイールを活用できます。飲みものと食べものは、香りの特性が近いものを選ぶと合わせやすいので、「スイートポテトの香りをもつアッサムティーには、焼き芋やスイートポテトなどが合う」と考えることができるのです。

紅茶は審査用語や鑑定用語が整備されていますが、そこに定められている香りに関する用語だけでは、その香りがどのような香り成分に由来するかを考えるうえで、曖昧だったり、不充分だったりする場合もあります。たとえば、「フラワリー」（花香）という用語は幅の広い表現であり、何の花の香りかというレベルまで掘り下げないと、成分との関連を論じることはできません。その点、アロマホイールでは、まず「花の香り」という分類があり、その下にスズランの香り、バラの香り、ジャスミンの香りなど特定の花の表現が連なっています。細分化されていることで、スズランの香りは「リナロール」、バラの香りは「ゲラニオール」や「βダマセノン」、ジャスミンの香りは「ジャスモン酸メチル」や「ジャスモンラクトン」などと、香りと成分を結びつけて考えられるのです（異なる香り成分でも同じ香りの表現でたとえられるケースや、複数の香り成分が混ざり合って一つの香りを生むケースもあります）。

紅茶のアロマホイールは、世界各国で考案されています。日本では、三井農林㈱が考案した「キャラクターホイール」（次頁参照）があります。キャラクターホイールは、香りだけでなく水色（すいしょく）や味まで円の中に落とし込み、より包括的に紅茶の表現を取り込もうとしているのが特徴です。水色まで取り込んでいるのは斬新ですが、水色は発酵の程度を表しますし、発酵度は香りや味にも影響するので合理的なスタイルと考えられます。

〈キャラクターホイール〉

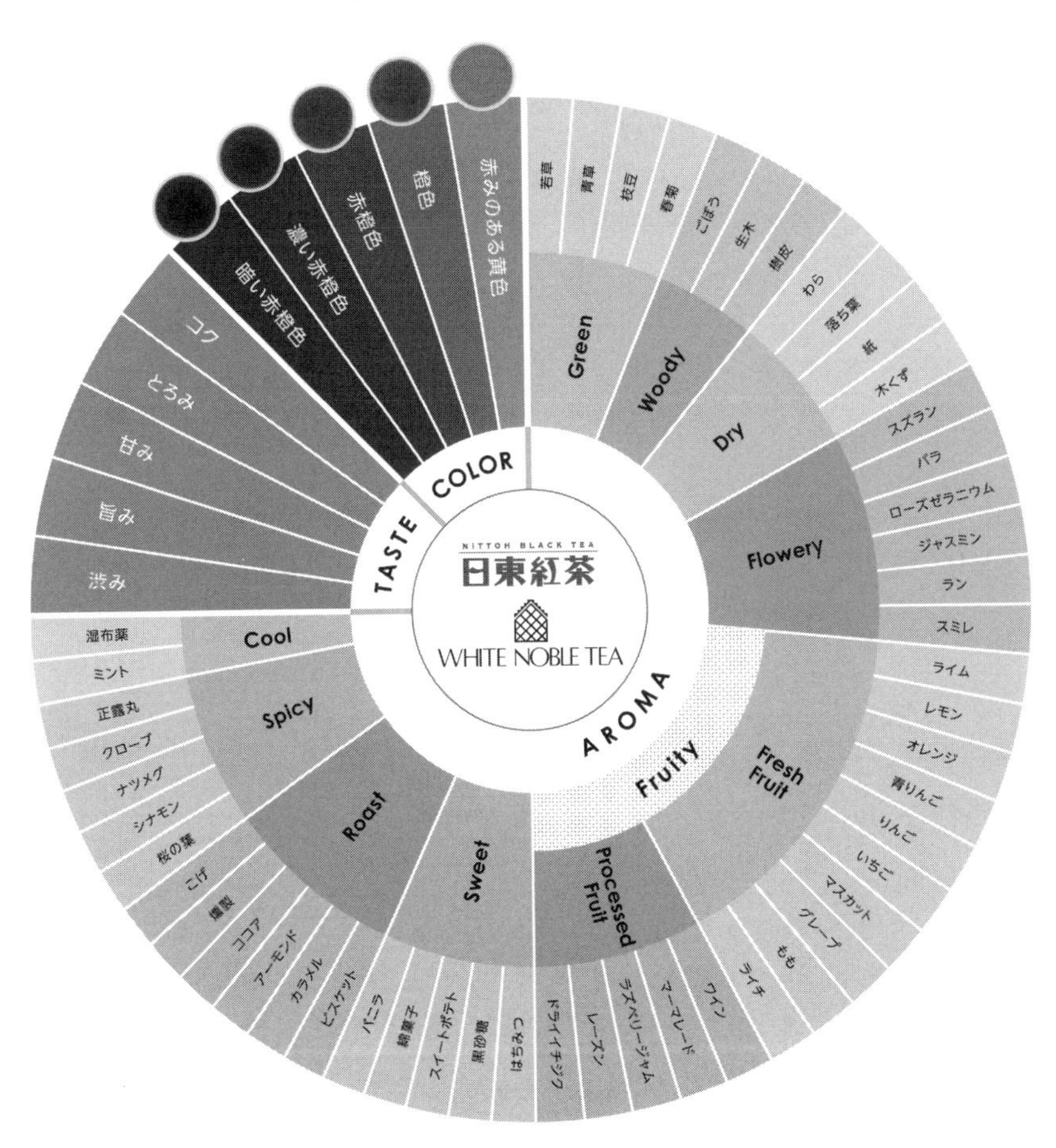
COLOR
TASTE
AROMA
NITTOH BLACK TEA
日東紅茶
WHITE NOBLE TEA
赤みのある黄色
橙色
赤橙色
濃い赤橙色
暗い赤橙色
コク
とろみ
甘み
旨み
渋み
Green
Woody
Dry
Flowery
Fresh Fruit
Fruity
Processed Fruit
Sweet
Roast
Spicy
Cool
ごぼう
生木
わら
落ち葉
紙
木くず
スズラン
バラ
ローズゼラニウム
ジャスミン
ラン
スミレ
ライム
レモン
オレンジ
青りんご
りんご
いちご
マスカット
グレープ
もも
ライチ
ワイン
マーマレード
ラズベリージャム
レーズン
ドライイチジク
はちみつ
黒砂糖
スイートポテト
綿菓子
バニラ
ビスケット
カラメル
アーモンド
ココア
燻製
こげ
桜の葉
シナモン
ナツメグ
クローブ
正露丸
ミント
湿布薬

Q 87

テイスターとはどんな仕事をする人ですか？

「テイスター」と聞いて、あらゆる茶の風味を記憶している、いわば神の舌をもった人物で、テイスティングカップを50も100も並べて1日に数百もの茶を鑑定する（どのつくり手のものかを当てる）といったイメージを抱く人もいると思います。しかし、テイスターに求められるのは、テイスティングによって、つくり手や時期など茶の出自を当てられるという技能ではありません。

テイスターの多くはバイヤーとして活動しています。ゆえに求められるのは、風味や形状などの特性から目の前の紅茶の価値を見極め、目的とする用途に見合ったものかを判断するスキルです。

紅茶を判断するポイントは「求める風味をもっているか」が第一ですが、そのほかにもさまざまなポイントがあります。シングルオリジンティーとして販売する茶葉であれば「経年劣化しやすいかどうか」「熟成させることで風味が増すタイプなのかどうか」、またブレンドを想定している茶葉であれば、それらに加えて「大きさがイメージしている商品に向くか」「体積に対して重さはどうか」「ほかの紅茶とひっかかりやすい形状なのか」といった物理的な特性も判断材料になります。

世界各国で生産される紅茶の中には、産地固有のプロファイルをもたないプレーンな紅茶もありますし、製茶上の欠点がある紅茶も少なくありません。しかし、それ自体は風味が劣る紅茶でも、ブレンド用やフレーバーを加えるベースとしてなど、用途次第では充分に使えることも多く、そうした茶葉を買い付けて商品化していくのはテイスターでもあるバイヤーの腕の見せどころだといえます。さらに踏み込んで、ペットボトル入りの飲料など特定の用途の原料として、紅茶のスペックを決めて生産者に発注をするケースもあります。

紅茶の価値と用途を判断することに加え、テイスターにはもう一つの役割があります。それは、その紅茶に関する栽培や製茶の履歴を明らかにすることです。でき上がった紅茶にはさまざまな情報が詰まっています。その情報を丹念に読み取るわけです。そうして読み取った情報からつくり手の製茶技術が判断できれば、よりよい紅茶を得るために、場合によっては製茶のあり方についてつくり手に提言することも可能になります。

Q 88 テイスティングには国際基準があるのですか？

テイスティングのための、サンプリング（見本となる茶葉の採取）、紅茶の抽出方法、鑑定用語や審査用語には国際的な基準があり、テイスティングは原則的にこれらの基準のもとに行います。適正な鑑定結果を得て、それを広く共有するには、ルールが必要だからです。

サンプリングについては、紅茶だけでなく、すべての茶の統一標準として、「ISO1839 茶のサンプリング」があります。その中で、バルク（段ボールや木箱などに入った大容量の紅茶）から、数十gのパケットに入った製品まで、どのようにサンプリングすればよいのかが規定されています。また、同一ロットの中で茶葉が均一でない場合は、サンプリングを中止し、茶葉が不均一である旨を報告しなくてはならない、ということも規定されています。

次に紅茶の抽出方法は、「ISO3103 官能検査のための茶液の準備」によって、やはり紅茶だけでなく、すべての茶に共通するものとして規定されています。茶葉や水、ミルクの準備方法、テイスティングに使われる抽出器具「テイスティングセット」の仕様についても定められています。

審査用語については、「ISO6078 茶の審査用語」で規定されています。茶葉の見た目と色、香り、抽出した茶液の風味と見た目、茶殻の見た目などを評価する用語や、製茶用語なども定められています。このほかに主要な紅茶生産国では、独自に用語を加除して審査用語を定めているケースが多くあります。今のところ、日本独自の規定はつくられていませんが、今後国内で紅茶の生産が増加するにともなって、その必要性は高まっていきそうです。

テイスティング用のポットとカップは寸法まで統一規格

Q 89

各国の紅茶の審査方法はすべて国際基準に則っているのですか？

テイスティング、すなわち紅茶の官能検査には国際基準があることをQ88で説明しましたが、ISOで定められた審査の枠組みとは別に、その国の実情に即した規格がある場合があります。また、規格というレベルではないものの、独自の審査の方法が確立されているケースもあります。中でも興味深いのは日本と中国です。じつは、この2ヵ国はISO規格が整備される際、その議論に参加していませんでした。しかし、茶の生産に1000年以上の歴史をもつ日本や中国では、審査のあり方もまた長い歴史を有するのです。

日本での茶の審査は、多田元吉が1888年（明治21年）に著した「茶業改良法」ですでに紹介されています。また、1900年に村山鎮が著した「茶業通鑑」の中では、審査の大枠がほぼ整備されるに至っており、審査室のしつらえまで望ましいかたちが提唱されています。審査用語についても製造工程と直結した風味の表現が多く用いられ、中には「蒸れ香」「葉傷み臭」「硬葉臭」など、重要な工程上の不具合が味覚や嗅覚で判断できることを示す用語も登場します。このように日本では、明治期にすでに茶の審査について独自の技術が確立され、今日的な視点から見てもまったく色あせない高度な審査が行われていたことがわかります。第二次世界大戦後も、こうした紅茶の審査の基準は全国茶品評会に継承されました。

しかし、1971年の紅茶輸入自由化によって国産紅茶の生産が途絶えてしまったため、これらの日本独自の審査技術は今ではほとんど継承されていません。Q88で説明したISO規格が整備された1980年代には、すでに日本は紅茶の生産国とみなされておらず、その技術も顧みられることがなかったのは残念な限りです。

一方、中国では、等級を決める際には原葉の質や風味についても評価するなど、独自の審査が行われています。これは、かつての日本の審査と同様、国際基準と比べ、より製造に即した審査であるといえます。そして近年では、さらにその考え方を〝深化〟させ、独自の発展を遂げています。

中国が茶の審査について新たなビジョンを掲げ、その技術を体系的に整備しはじめたのは2000年代後半のことです。このころの中国は、地理的表示の問題を抱えていました。本来の産地とは異なる場所で生産された類似したキャラクターの茶が、本来の産地の名前を冠して販売されるなどの事態が横行していたのです。そこで、このような問題を防ぎ、正統な産地を保護するために、2008年〜2009年に制定された「茶葉感官審評方法」と「茶葉感官審評術語」を用いて、産地ごとに設定された品質基準に則って茶の品質が客観的に判定できる仕組みを定めたのです。

判定を行う役割は、テイスター（評茶師）が担うことになりました。こうして中国のテイスターには、買い付けやブレンドのための鑑定を行う役割と、紅茶から栽培や製茶上の問題点をあぶり出し、生産技術の向上を促す役割に加え、その紅茶が地理的表示に則って正しく生産され、一定の規格を満たしていることを保証する役割が付与されたのです。そのため、今日の中国では、評茶師は国家資格とされ、専門的な有資格者が審査・鑑定を行うようになっています。テイスターによる紅茶の審査は、100年以上の歴史をもつ古い技術ですが、中国の例が示すように、茶の新たな時代を担う重要な分野へと発展しつつあるのです。

TEA BREAK 7

ドイツの紅茶の楽しみ方

ドイツといえばビールの国というイメージを抱く人も多いと思いますが、ライフスタイルの多様化や健康志向を背景に、茶およびハーブティーやフルーツティーなどの茶外茶(ちゃがいちゃ)の消費は年々増え続けています。ある程度の大きさの街に行けば1軒は茶の専門店があり、店頭で各国の茶が売られている光景は目を楽しませてくれます。

一説には、2011年のドイツの紅茶の輸入量は約5万4000トンといわれています。また、世界一の紅茶生産国であるインドのティーボード（政府紅茶局）の発表では、2016年の茶のドイツ向け輸出量は1万トン。ちなみに英国は1・5万トン、日本は3000トンでした。ヨーロッパ第二の貿易港ドイツ・ハンブルグは、ヨーロッパの主要な茶の「ハブ市場」として機能しています。

さて、ここではドイツの中でも東フリージアという地域の、独特な紅茶の楽しみ方を紹介します。

東フリージアはドイツ北西部・北海に面する沿岸部分と近郊内陸部を指し、観光と農業が主要な産業です。じつは、東フリージアの人々は大の紅茶好き。東フリージアの人々の紅茶の消費量は、1人あたり年間約300ℓ。これはドイツ平均の12倍の数値です。ドイツの紅茶専門店には「オストフリーラント風ブレンド」（「オストフリーラント」は東フリージアのドイツ語読み）と銘打たれた商品もあるほど、東フリージアの人々の紅茶好きはドイツでも有名なのです。

東フリージアのティータイムのユニークな点は、おもに二つあります。一つは、好んで飲まれている紅茶がたいへん味の強いものだということ。英語で「bite（かみつくかのような風味）」とも表現される渋みのある味わいです。基本となる紅茶はアッサムで、メーカーによってこれにダージリンやセイロンをブレンドしてオリジナリティを出しているそうです。

もう一つは飲み方です。まず、ティーカップはとても小さなものを使います。伝統的な柄は「オストフリースラント・ローズ」と呼ばれるシンプルなバラ柄です。このカップに「クルンチェ」と呼ばれる氷砂糖を入れ、その上から紅茶を注ぎます。カチカチっと氷砂糖がひび割れる音に耳を傾けて……。次に小さなスプーンを使って生クリームを紅茶にのせるようにして静かに注ぎます。クリームがもくもくっと広がる様はまるで雲のようです。ここで混ぜないのがポイントで、このまま いただきます。

すると、最初はまろやかなクリーム、次にしっかりとした味わいの紅茶、最後に甘い溶けた氷砂糖と順に口の中に広がります。口にするたびに、クリーム、紅茶、砂糖の配分が変わり、飽きずに飲めるのも魅力でしょう。最低3杯は楽しみ、「もうけっこう」と思ったら、カップの中にスプーンを入れて合図をするのが慣わしです。

東フリージアが東インド会社をもった英国やオランダと関係が深かったことや、同地の水質が紅茶に向いていたことが喫茶の習慣を育み、その後、土地やコミュニティとの結びつきを通じて誇りあるアイデンティティを確立しようとする運動のもとで、この独特の喫茶習慣が「東フリージアらしさ」として守り伝えられてきたようです。

TEA BREAK 8

チャイにはスパイスは入らない!?

「チャイ」というと、「スパイス入りのミルクティー」をイメージする人がいると思います。しかし、実際にインドでチャイを注文しても、スパイスを使ったチャイが提供されることはあまりありません。水、ミルク、茶葉、砂糖だけでつくるプレーンな煮出し式ミルクティーを出す店が多いのです。

もちろん、店によってはスパイスを使うケースもありますが、インド中を旅する知人や、現地で生活をするインドの人たちにたずねても、チャイにはスパイスを使わないという人がほとんどです。日本でおいしい「スパイスチャイ」を提供するインド料理店のスタッフ（インド人）に、どこでつくり方を覚えたのかとたずねると、「日本に来て覚えた」というおかしな話を耳にしたこともあります。どうやらインドのチャイは、スパイスを使わないスタイルが一般的だといえそうです。

しかし、日本に限らず世界的に見ても、チャイはスパイス入りのミルクティーとして認知されていることが多いようです。それはなぜか？ 個人的な推測ですが、まずイメージとして「インド」と「スパイス」が結びつきやすいという点が挙げられます。次に、茶葉とスパイスを混ぜたものを「チャイミックス」として商品化しやすいことや、チェーンの飲食店で提供する場合、スパイスの香りは香料を使って再現しやすいといったような、ビジネス事情が大きく影響しているように思われます。

インドを訪れた多くの人が、スパイス不使用のチャイであっても、「インドで飲むチャイはおいしい」と感じるのは、現地の環境や飲む人の気持ちによるところが大きいと思います。しかし意外と見過ごされがちな、香料などは使わず、紅茶をちゃんと煮出してつくるという、当り前のことがいちばん大きく影響しているのかもしれません。チャイのおいしさは、おもに紅茶でつくられているのです。

主要参考文献

〔図書〕初版刊行年／資料とした版の刊行年

Barundeb Banerjee,"Production and Processing",Oxford & IBH Publishing,1993/2005

E. L.KEEGEL,"TEA MANUFACTURE IN CEYLON（Monographs on Tea Production In Ceylon No.4)",
Tea Research Institute of Sri Lanka,1956/1983

L.S.S O'malley,"Bengal District Gazetteers Darjeeling",LOGOS PRESS,1907/1999

P.Sivapalan,S.Kulasegaram,A.Kathiravetpillai,"HANDBOOK ON TEA",Tea Research Institute of Sri Lanka,1986/2015

荒木安正『紅茶の世界』（柴田書店）１９９４

荒木安正・松田昌夫『紅茶の事典』（柴田書店）２００２

多田元吉『紅茶製法纂要 上』（勧農局）１８７８

多田元吉『茶業改良法』（擁万堂）１８８８

ハリシュ C.ムキア、井口智子訳『ダージリン茶園ハンドブック』（R.S.V.P.）２０１２

村山鎮『茶業通鑑』（有隣堂）１９００

〔研究論文など〕

Chi Tang Ho,Xin Zheng,Shiming Li,"Tea aroma formation",2015

K.M.Mewan etc.,"Studying genetic relationships among Tea Cultivars in Sri Lanka Using RAPD Markers" ,2005

L.P.Bhuyan etc.,"Spatial variability of theaflavins and thearubigins fractions and their impact of black tea quality",2015

R.K.Sharma etc.,"AFLP-Based Genetic Diversity Assesment of Commercially Important Tea Germplasm in India",2010

おわりに

ここまで読んでいただき、ありがとうございます。本書では、紅茶についての基本をしっかりと押さえ、わかりやすく、なおかつ最新の知見を取り入れた内容の濃いものにしようと努めてまいりました。その思いがどれだけ実現できたのかはわかりませんが、力のこもった1冊にはなったのではないかと思います。

著者である私たち3人は、ともに紅茶に長く携わるなかで、互いに連携して一つの動きをつくり出していきたいという思いから、3人が発起人となって「シングルオリジンティー・フェスティバル」というイベントを開催してきました。このイベントは、もともとは海外産のシングルオリジンティーをいかにして広めるかという問題意識から立ち上げたものですが、実際に開催してみると、日本国内の紅茶生産者の方々との交流も密になり、イベントを通じて既成の「紅茶」という概念ではくくりきれない、紅茶の世界の広がりや深まりを大いに感じました。

本書も、このような出会いのなかで、紅茶をめぐる好ましい状況変化に対応するために私たちが有する知見を再整理したい、また近年の新たな動きを紹介したいという思いから執筆に至ったものです。本編でもふれましたが、紅茶の世界は今、ダイナミックな変貌を遂げつつあります。その一つは中国、台湾、日本など東アジアでの新たな紅茶づくりの潮流によるもので、まさに今、新たな紅茶文化が醸成されつつあるといっても過言ではないと思います。本書を読み終えた皆さんが、この新たな紅茶の世界をより深く楽しめる――そんなお手伝いができたとなれば、これに優る幸いはありません。

本書は、数多くの方々の協力なくしては世に出すことはできませんでした。中でも、私たちの原稿を魔法をかけたように洗練してくださった柴田書店の吉田直人さん、かわいくてわかりやすいイラストを添えてくださった古谷充子さんには、深く感謝したいと思います。また、私たち3人の執筆にあたり、業務面、家庭面で多くの負担を担ってくれた家族の協力には、感謝してもし尽くせません。本書の入稿を終えた今、まずはお世話になった皆さまに、心を込めて1杯の紅茶をふるまいたいと思います。

川崎武志

川崎武志（かわさき たけし）

1971年埼玉県生まれ。東京大学教育学部卒業後、地域振興整備公団勤務を経て1996年に東京・吉祥寺に紅茶葉専門店「ティーマーケット ジークレフ吉祥寺店」をオープン。現在、サロンを含めて4店舗を展開。2015年より共著者らとともに「シングルオリジンティー・フェスティバル」を主催するなど、さまざまな活動で紅茶文化のさらなる発展や消費者への普及に尽力している。

Tea Market Gclef（ティーマーケットジークレフ）
吉祥寺本店　東京都武蔵野市吉祥寺本町1-8-14
☎0422-29-7229
阿佐ヶ谷店　東京都杉並区阿佐谷南1-33-9
☎03-5913-9797
目白店　東京都新宿区下落合3-15-18
☎03-6908-3993

Tea Salon Gclef（ティーサロン ジークレフ）
吉祥寺店　東京都武蔵野市吉祥寺本町2-8-4
☎0422-26-9239

中野地清香（なかのじ さやか）

1978年東京都生まれ。東京大学法学部卒業。インド留学経験のある母の影響で子どものころからインド文化と紅茶に親しみ、2000年に家族とともに紅茶専門店「シルバーポット」を創業。紅茶のみならず産地や生産者の「今」を紹介したいと願い、インド、スリランカ、ネパール、日本などの産地を毎年のように訪れる。ウェブショップを通して「紅茶のある豊かな暮らし」を国内外の消費者に提案中。

紅茶専門店シルバーポット
http://www.silverpot.co.jp
https://www.rakuten.ne.jp/gold/silverpot
☎03-5940-0118

水野 学（みずの まなぶ）

1968年生まれ、栃木県育ち。一橋大学商学部卒業。2001年に初めて訪れたスリランカで茶葉を買い付け、「ティーブレイク」を創業。2002年に単身インドにわたり、茶園を泊まり歩いて仕入れルートを開拓。以降、毎年インドとスリランカ、日本の産地を訪ねて生産者と交流しながら旬の紅茶を買い付け、業務用卸とウェブショップでの個人向け販売を展開。2009年には実店舗「チャイブレイク」を開業。

t-break（ティーブレイク）
http://www.t-break.com　☎0422-79-9070

chai break（チャイブレイク）
東京都武蔵野市御殿山1-3-2　☎0422-79-9071

イラスト　古谷充子
アートディレクション　吉澤俊樹（ink in inc）
デザイン　白坂麻衣子（ink in inc）
編集　吉田直人

紅茶
味わいの「こつ」
理解が深まるQ&A89

初版発行　2017年11月1日
3版発行　2024年9月10日

著者©　川﨑武志、中野地清香、水野 学
発行者　丸山兼一
発行所　株式会社　柴田書店
〒113-8477
東京都文京区湯島3-26-9　イヤサカビル
電話　営業部／03-5816-8282（注文・問合せ）
書籍編集部／03-5816-8260
URL　https://www.shibatashoten.co.jp
印刷・製本　シナノ書籍印刷株式会社

ISBN 978-4-388-25120-9
Printed in Japan

用語一覧

＊詳細は「→」の先のQを参照。

【あ】

- **アッサム種**
  (Camellia sinensis var. assamica)
  チャノキ（カメリア・シネンシス）の種の一つ。中国種と並ぶ現在の紅茶品種のルーツ。樹高が高く、葉も大きい。耐寒性は低い。→Q3

- **アッサムハイブリット**
  ダージリンなどで見られるアッサム種的な傾向が強い交雑種。

- **荒茶**（あらちゃ）
  乾燥までの製茶工程を経たソーティング前の茶葉。

- **アロマホイール**
  特定ジャンルの飲みものの香りを表現する評価用語を、円の中に配置した図。→Q86

【い】

- **萎凋**（いちょう／製茶工程）
  摘んだ茶葉をやわらかくして（萎れさせて）揉めるようにする工程。→Q65

- **萎凋槽**（いちょうそう）
  萎凋棚（いちょうだな）
  萎凋を行う際に茶葉を敷き詰める大きな入れもの。

- **一芯三葉摘み**
  芯芽とその下の3枚の葉を摘み取ること（摘み方）。→Q6

- **一芯二葉摘み**
  芯芽とその下の２枚の葉を摘み取ること（摘み方）。→Q6

- **インボイス**
  茶園から製品として出荷するために乾燥茶葉をまとめる単位（出荷単位）。→Q77

- **インボイスナンバー**
  茶園から出荷される際にインボイスごとにつけられる固有の番号。→Q79

【う】

- **ウバフレーバー**
  クオリティーシーズンのウバ産の紅茶が有する目の覚めるようなメンソール香。→Q50

- **ウンカ**（Green Fly）
  チャノミドリヒメヨコバイの通称。→Q75

- **ウンカ芽**
  虫の食害にあった葉。

【え】

- **栄養繁殖**
  (VP ／ Vagitative Propagation)
  特定の品種の茶樹を挿し木などでふやすこと。

- **エクスポーター**
  生産国からの輸出業務を行う生産国内の業者。→Q80

- **エステートクローン**（農園品種）
  エステートセレクション（農園選抜）
  茶園にある実生の茶樹から選抜された品種。

【お】

- **オーソドックス製法**
  「摘採」「萎凋」「揉捻」「発酵」「乾燥」「等級区分・選別」の工程を順に踏む基本的な製茶の方法。→Q63

- **オータムナル**
  （ダージリン／アッサム）
  ダージリンとアッサムにおける1年で最後の紅茶の旬。10月〜11月ごろ。→Q40・Q43

【か】

- **芽重型**（がじゅうがた）
  一株の茶樹からあまり多くの芽が出ないように茶樹をコンパクトに仕立てること。→Q6

- **芽数型**（がすうがた）
  一株の茶樹から多くの芽が伸びるように茶樹を仕立てること。→Q6

- **カメリア・シネンシス**
  （Camellia sinensis）
  茶の原料となるツバキ科ツバキ属の植物。→Q3

- **カメリア・タリエンシス**
  （Camellia taliensis）
  カメリア・シネンシスの近縁種。→Q3

- **かれい**
  おもに日本や台湾など少量生産の多い産地で使われる、萎凋の際に茶葉を敷き詰める直径1mほどの竹製のざる。

【き】

- **ギャッピング**
  バルキングを行った茶葉を乾燥させて水分量を調整する作業。→Q77

【く】

- **クオリティシーズン**
  紅茶の旬の時期。

- **クリームダウン**
  温かい紅茶に氷を入れるなどして冷やしたときに白く濁る現象。→Q27

- **クローン**（Clone）
  クローナル（Clonal）
  栄養繁殖によってふやしたチャノキ（＝クローン）。それを原料とする茶（＝クローナルティーあるいはクローナル）。

【け】

- **原葉**（げんよう）
  原料となる茶葉の意。

【こ】

- **国産紅茶**
  日本で生産された紅茶。「地紅茶」「和紅茶」と呼ばれることもある。→Q58〜Q61

▸ **ゴールデンティップ**
ある程度強く揉み込んだのちに乾燥させることで、表面が黄金色になった芯芽。→Q82

【さ】

▸ **殺青**（さっせい）
酸化酵素を失活させて発酵を止めること。→Q68

【し】

▸ **シェードツリー**（庇陰樹）
アッサムなどで見られる茶畑の中に規則的に植えられた中高木。→Q42

▸ **失活**（しっかつ）
酸化酵素を熱で破壊して酵素の働きを止めること。→Q68

▸ **揉捻**（じゅうねん／製茶工程）
茶葉を機械で揉む工程。→Q66

▸ **種子繁殖**（Seed Propagation）
種から茶樹をふやすこと。

▸ **シルバーティップ**
あまり強く揉まずに乾燥させた、表面の産毛が銀色に輝く芯芽。→Q82

▸ **芯芽**
新しく伸び、まだ開いていない状態の芽。→Q6・Q82

【す】

▸ **水色**（すいしょく）
茶液の色。

▸ **スリップス**（Thrips）
チャノキイロアザミウマの通称。→Q75

【せ】

▸ **セカンドフラッシュ**
（ダージリン／アッサム）
ダージリンとアッサムにおける1年で２番目の紅茶の旬。５月～６月ごろ。→Q40・Q43

▸ **施肥**（せひ）
畑に肥料を投与すること。

▸ **セリングマーク**
シングルオリジンティーが茶園から出荷される際につけられる、茶園名とは別の名前のこと。→Q78

▸ **剪定**
茶樹の枝や幹を切る作業。→Q74

【そ】

▸ **ソイロン**
トウモロコシの繊維を原料とする、ティーバッグに用いられる素材の一つ。→Q24

【た】

▸ **ダイレクトセール**
生産者と直接交渉する取引方法。→Q81

【ち】

▸ **チャイナハイブリット**
中国種的な傾向が強い交雑種。

▸ **茶外茶**（ちゃがいちゃ）
名称に「ティー」や「茶」とつくが、カメリア・シネンシスが原料ではないもの。→Q14

▸ **着香茶**（ちゃっこうちゃ）
フレーバードティーのこと。→Q12

▸ **チャノキ**
カメリア・シネンシスのこと。→Q3

▸ **チャノキイロアザミウマ**
（Scirtothrips dorsalis）
チャノキの葉を吸う害虫。通称スリップス。この害虫の攻撃に対する防御反応としてチャノキが生成した二次代謝物は、人間が好ましいと感じる香りのもとになる。→Q75

▸ **チャノミドリヒメヨコバイ**
（Empoasca onukii）
チャノキの葉を吸う害虫。通称ウンカ。チャノキイロアザミウマと同様、この害虫の攻撃に対する防御反応としてチャノキが生成した二次代謝物は、人間が好ましいと感じる香りのもとになる。→Q75

▸ **茶の六大分類**
茶の水色と製造方法をからめた中国生まれの分類法。→Q9

▸ **中国種**
（Camellia sinensis var. sinensis）
チャノキ（カメリア・シネンシス）の種の一つ。アッサム種と並ぶ現在の紅茶品種のルーツ。樹高が低く、葉も短い。耐寒性は比較的強い。→Q3

▸ **地理的表示**
特定産地の純正の紅茶であることを表すロゴマーク。→Q38

【て】

▸ **ティーエステート**
茶園。

▸ **摘採**（てきさい／製茶工程）
チャノキの芽を摘み取る工程。→Q64

【と】

▸ **等級**（グレード）
茶葉のサイズ（大きさ）や形状のこと。もともとはチャノキのどの部分を摘み取って製茶したかを示すものだった。→Q16

▸ **等級区分・選別**
（ソーティング／製茶工程）
チャノキ以外の植物の葉や茎、そのほかの異物を除去し、さらに重さを基準にふるいにかけて茶葉のサイズ（大きさ）をそろえる工程。→Q69

【な】

▸ **苗床**（ナーサリー）
苗を育てるための場所。→Q73

【に】

▸ **日光萎凋**
中国式の製茶のスタイルに古くからある、萎凋の最初にあえて日光に短時間あてる方法。→Q65

【は】

▸ **ハイグロウン**
製茶工場が設置されている場所の標高による、スリランカ産の紅茶の分類の一つ。ハイグロウン（高地産）は4000フィート（約1219m）以上。→Q48

▸ **バイヤー**
生産国内の紅茶の流通においては、ブローカーからのオークションのサンプルや茶園から出荷されるインボイスのサンプルを集めておもに海外の取引先に送付し、生産国内での買い付けを代行する業者のことをいう。→Q80

▸ **パッキング**
製茶した茶葉を紙袋や木箱などに詰める作業。→Q77

▸ **発酵**（製茶工程）
風通しのよい涼しい環境の中で、ステンレスなどでできた発酵棚に揉捻後の茶葉を静置して化学変化を促す工程。→Q67

▸ **パブリックオークション**
ブローカーに集められたインボイスを生産国内の登録バイヤーが買い付ける、公的なオークション。→Q81

▸ **バルキング**
別々に製茶したいくつかの茶葉を組み合わせて味や香りを均一化する工程。→Q77

▸ **バンジー**
茶樹に新芽ができないこと。またその時期。

【ひ】

▸ **ピーククオリティ**
品質がもっとも高い時期。

▸ **品種茶**
挿し木などの栄養繁殖でふやしたチャノキからつくられる茶。→Q5

【ふ】

▸ **ファーストフラッシュ**
（ダージリン／アッサム）
ダージリンとアッサムにおける1年で最初の紅茶の旬。3月〜4月ごろ。→Q40・Q43

▸ **フォワードコントラクト**
製茶される前に生産者との間で量や価格を決めて売買契約を交わす取引方法。→Q81

- **プライベートセール**
  オークションを通さない取引のこと。→Q81

- **プランテーション**
  茶園が茶畑を所有し、栽培から製茶までを自社で行う大規模農場経営。

- **フレーバードティー**
  茶葉に、花や果皮、スパイスなどの香りを移したものや、精油や香料などで香りをつけたもの。→Q12

- **ブローカー**
  生産者（茶園）とバイヤーを仲介する役割を担う生産国内の業者。→Q80

【ほ】

- **防除**
  害虫や病害の予防および駆除。

- **ボディ**
  舌の上ではなく、おもに頬で感じる収斂性。→Q22

【ま】

- **マザーリーフ**
  新芽のすぐ下にある成熟して硬くなった葉。→Q6

- **マスカテルフレーバー**
  マスカットフレーバー
  ダージリンのセカンドフラッシュなどに感じられる独特なフルーティーな香り。→Q40・Q84

【み】

- **実生**（みしょう）
  実生の茶
  種からふやしたチャノキ（＝実生）。それを原料とする茶（＝実生の茶）。→Q5

- **ミディアムグロウン**
  製茶工場が設置されている場所の標高による、スリランカ産の紅茶の分類の一つ。ミディアムグロウン（中地産）は2000～4000フィート（約610～約1219m）。→Q48

【ろ】

- **ローグロウン**
  製茶工場が設置されている場所の標高による、スリランカ産の紅茶の分類の一つ。ローグロウン（低地産）は2000フィート（約610m）以下。→Q48

- **ローターベイン**
  茶葉に圧力をかけて揉捻をしながら細かくちぎる機械。細かなブロークサイズの茶葉ができる。おもにインド式の製法を採用している工場などで導入されている。→Q70

【C】

- **CTC製法**
  茶葉を、潰す、裂く、丸めるといった作業を行うCTC機を用いた製法。粒々とした独特の形状に仕上がる。→Q71